Das macht Sinn!

»Das macht doch alles keinen Sinn!« Wenn Sie diesen Satz von einem Mitarbeiter hören, haben Sie ein ernstes Problem. Wer keinen Sinn in den eigenen Aufgaben sieht, geht auch nicht engagiert zur Sache. Ohne Sinnerleben keine Leistungsfreude. Ohne Leistungsfreude wird Ihr Team unter seinen Möglichkeiten bleiben – und damit auch Sie in Ihrer Rolle als Führungskraft.

In diesem Kapitel erfahren Sie,

- warum Sinnerleben wie ein »psychologisches Einkommen« wirkt,
- warum Sinn der ultimative Motivator ist,
- was die vier wichtigsten Treiber des arbeitsbezogenen Sinnerlebens sind.

Sinn als psychologisches Einkommen

Ein Führungsjob ist kein Zuckerschlecken. Ich habe selbst einige Jahre in einem Großkonzern als Führungskraft gearbeitet – zuletzt als Vice President im HR-Umfeld – und kann somit ein wenig mitreden. Man muss eine Unmenge an Themen gleichzeitig im Blick behalten, Budgets einwerben und verteidigen, die Abteilung in verschiedensten Gremien repräsentieren – und natürlich Menschen führen: die eigenen Mitarbeiter, den Vorgesetzten und weitere Stakeholder – aber auch sich selbst. »Und jetzt soll ich auch noch obendrein auf das Sinnerleben der Mitarbeiter Acht geben?«, mögen Sie angesichts des Buchtitels vielleicht fragen. Meine Antwortet lautet ganz klar: Ja, das sollten Sie! Denn das wird Sie zu einer besseren Führungskraft machen. Besser für Ihr Unternehmen, besser für Ihre Mitarbeiter, besser für sich selbst.

Sinnerleben ist der ultimative Motivator. Wie sehr sich Menschen nach einer von Sinn erfüllten Arbeit sehnen, wird besonders deutlich, wenn man sich anschaut, was sie dafür zu opfern bereit sind. Der in San Francisco beheimatete Online-Coaching-Anbieter BetterUp hat mehr als 2.000 Arbeitnehmer aus verschiedenen Branchen in den USA befragt, ob sie damit einverstanden wären, im Gegenzug für mehr Sinnwahrnehmung während der Arbeit auf einen Teil ihres Gehaltes zu verzichten (Achor et al., 2018). 90 Prozent der Befragten würden dieses Angebot annehmen. Im Mittel wären sie bereit, auf rund ein Viertel ihrer zukünftigen Einkünfte zu verzichten. Ähnliche Zahlen zeigen sich in universitären Studien.

Vorwort

Sinnerleben? Sinn erleben! Eine Arbeit, die uns sinnvoll, sinnerfüllt, erfüllend erscheint: Wer wünscht sich das nicht? Es gibt Menschen, die sagen: »Ich mache das hier nur wegen der Kohle.« Aber sie sind in der Minderheit. Die meisten von uns wünschen sich Arbeit, die über den Zweck des Lebensunterhalts hinausweist. Wir wollen spüren, dass das, was wir tun, *einen Unterschied macht*: für die Menschen, mit denen wir arbeiten, für unsere Kunden – und auch für uns selbst. Wir wollen erfahren, dass sich die Dinge zu einem größeren Muster fügen. Wir wollen, dass unsere Arbeit Sinn ergibt.

Ein Teil dieses Sinnerlebens hängt ab von dem, was unsere Organisation tut. Wer in einem Krankenhaus Leben rettet, hat es etwas leichter, als derjenige, der Marketing für Blubberbrause macht. Doch ist der Mehrwert, den unsere Organisation generiert, nur einer von mehreren Faktoren, die beeinflussen, wieviel Sinn wir aus unserer Arbeit ziehen. Sinnerleben hängt ebenso davon ab, mit wem wir arbeiten, wieviel Gestaltungsoptionen uns gewährt werden – und ob wir das Gefühl haben, uns selbst in unserem Wesen durch die Arbeit näher zu kommen. Bei all diesen Faktoren kommen Sie als Führungskraft unmittelbar ins Spiel. Ihr Einfluss auf das Sinnerleben der Menschen, die Sie führen, ist deutlich größer, als Sie aktuell vermuten. Dieser TaschenGuide zeigt Ihnen diesen Spielraum auf, sodass Sie ihn zum Nutzen Ihrer Mitarbeiter und Ihrer Organisation erweitern können.

Ich wünsche Ihnen viel Freude damit! *Nico Rose*

In Anlehnung an den US-amerikanischen Forscher Raj Sisodia spreche ich hier gerne von Sinnerleben als unserem »psychologischen Einkommen«. Wir streben danach mindestens so sehr wie nach monetärer Vergütung. Ohne Bezahlung sind wir im Arbeitskontext kaum zu motivieren. Eine Arbeit mit attraktiver Vergütung, aber ohne ein adäquates psychologisches Einkommen erscheint den meisten Personen allerdings ebenso unattraktiv, vor allem langfristig betrachtet.

> Menschen arbeiten nicht ausschließlich für Geld. Sie möchten auch ein möglichst hohes psychologisches Einkommen beziehen.

Sinn der Arbeit versus Sinn in der Arbeit

Bevor wir inhaltlich tiefer einsteigen, will ich noch kurz definieren, was im Rahmen dieses TaschenGuides überhaupt gemeint ist mit sinnerfüllter Arbeit. Es lassen sich hier zwei Perspektiven unterscheiden:

- Auf der einen Seite stellt sich die Frage nach dem Sinn *der* Arbeit. Diese Perspektive (nennen wir sie philosophisch) geht davon aus, dass Arbeit einen objektiven, vom Betrachter unabhängigen Sinn hat.
- Andererseits stellt sich die Frage nach der Wahrnehmung von Sinn *in der* Arbeit (nennen wir sie psychologisch). Dieser Blickwinkel geht davon aus, dass der Arbeit kein ureigener Sinn innewohnt. Stattdessen muss er entdeckt bzw. entwickelt werden.

Das Unterfangen, den Sinn *der* Arbeit zu beschreiben, treibt Menschen schon seit Jahrtausenden um. Den Griechen und Römern erschien Arbeit weitgehend sinnfrei. Sie war Sklaven vorbehalten, wurde als schmutzig, als niedere Tätigkeit angesehen. Schon die Christen, allen voran die Calvinisten, brachte sie jedoch näher zu Gott. Der Dichter Leo Tolstoi schrieb, dass Arbeit dem Menschen eine eigene Form von Würde verleihe. Sigmund Freud glaubte, dass der Mensch »Liebe und Arbeit« für ein gesundes Leben benötige. In einem aktuellen Aufsatz für die Neue Zürcher Zeitung (2019) schreibt der Soziologe Hartmut Rosa, der Sinn der Arbeit sei es, uns selbst als wirksam in der Welt zu erleben, indem wir Herausforderungen und Widerstände überwinden und uns daran selbst formen und gestalten. Eine letztgültige Antwort wird sich kaum finden lassen; das haben philosophische Problemstellung meist an sich.

Sinnvolle Arbeit als empirisches Phänomen

Dieser TaschenGuide schaut mit einer psychologischen Brille auf das Thema. Er geht schlicht von der Beobachtung aus, dass Menschen zu einem gegebenen Zeitpunkt mehr oder weniger arbeitsbezogenen Sinn verspüren können, wo auch immer dieser Sinn genau herkommt (dazu später mehr). Wenn ich Sie jetzt gerade direkt fragen könnte, auf einer Skala von 1 bis 10, wie sinnvoll Ihnen Ihre Arbeit aktuell erscheint: Was würden Sie mir antworten? Wie auch immer Ihre Antwort ausfiele: Sie ist allein für sich betrachtet noch nicht besonders aufschlussreich. Spannender wäre es, wenn ich:

1. Sie über ein Jahr lang einmal pro Woche dazu befragen könnte, um die Schwankungen *innerhalb Ihrer* Person berücksichtigen und auswerten zu können;
2. 1.000 Personen innerhalb des gleichen Unternehmens befragen könnte, um aufzuzeigen, wie die Werte *zwischen den Personen* schwanken, obwohl sie in einem ähnlichen Umfeld arbeiten.

Im ersten Fall würden wir mit großer Wahrscheinlichkeit feststellen, dass Ihr Sinnerleben im Job über den Verlauf eines Jahres erheblich variieren kann – in Abhängigkeit von den Aufgaben und Rahmenbedingungen. Im zweiten Fall würden wir sehen, dass zu einem gegebenen Zeitpunkt bedeutsame Schwankungen zwischen den verschiedenen Personen existieren. An diesem Punkt setzt die psychologische Sinnforschung an. Sie versucht zu beschreiben,

- was die Bausteine des Sinnerlebens sind;
- was die kritischen Vorbedingungen des Sinnerlebens sind;
- welche Konsequenzen mit mehr (oder weniger) Sinnerleben im Rahmen der Arbeit einhergehen.

Bei den Vorbedingungen kommt nun auch die Frage nach der Rolle der Führungskraft in Spiel. Den Einfluss der Führung auf das Sinnerleben auszuloten und Ihnen entsprechende Werkzeuge an die Hand zu geben, stellt den Kern dieses Buches dar.

> Das Sinnerleben im Job schwankt innerhalb einer Person über die Zeit und auch zwischen verschiedenen Personen. Wer als Führungskraft die Quellen dieser Schwankungen kennt, kann sie im Sinne der geführten Personen und zum Wohle der Organisation nutzbar machen.

Im nächsten Abschnitt werde ich eingehender beschreiben, welche positiven Konsequenzen mit dem Erleben von Sinn in der Arbeit verknüpft sind. Vorher möchte ich Ihnen der Vollständigkeit halber noch die psychologischen Bausteine von Sinnerleben näherbringen.

Wenn man Menschen fragt, was ihrem Leben Sinn verleiht, werden sie naturgemäß sehr unterschiedliche Antworten geben. Auf einer Meta-Ebene lassen sich jedoch Gemeinsamkeiten in den Beschreibungen entdecken. Schauen Sie sich dafür die folgende Grafik an – sie beruht auf der Forschung des Philosophen Frank Martela und des Psychologen Michael F. Steger aus dem Jahr 2016.

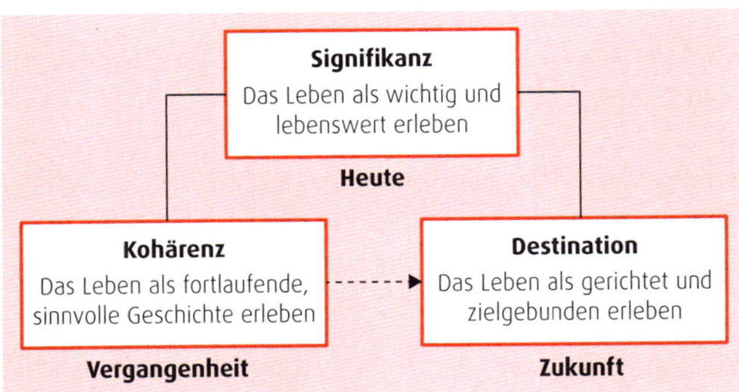

Bausteine des Sinnerlebens

Die Vergangenheit

Wenn es Menschen gelingt, die Welt und ihre Rolle darin mit allen Höhen und Tiefen als zusammenhängende Geschichte zu erzählen, als Narrativ, das verschiedenste Episoden miteinander verknüpft, dann sprechen Psychologen von Kohärenz. Hier geht es nicht um Schönfärberei, sondern um Mustererkennung, das Verstehen, wie eins zum anderen geführt hat. Ein Gefühl der Kohärenz zeigt sich in Sätzen wie: »Ich habe zwar nicht direkt nach dem Studium meinen Traumjob im Marketing bekommen, aber der Umweg über die Werbeagentur hat meine Fähigkeiten dermaßen erweitert, dass ich nach drei Jahren doch eine Stelle ergattern konnte, die mir die Karriere ermöglicht hat, auf die ich mittlerweile zurückblicke.«

Die Zukunft

Andererseits werden Menschen in Bezug auf Sinnerleben über ihre Zukunft sprechen. Da könnten Sätze nach dem folgenden Muster fallen: »Ich mache den Job hier jetzt noch drei, vier Jahre. Wir haben dann genug beiseitegelegt, sodass ich kürzertreten kann. Ich kümmere mich dann stärker um die Stiftung, die ich jetzt schon fördere – und dann kann ich auch endlich mehr Zeit mit meinen Enkeln verbringen.« Hier klingt an, dass der Mensch von einer attraktiven Perspektive in die Zukunft gezogen wird. Es geht um Ziele und Pläne – manchmal aber auch nur um eine Richtung, ohne dass schon ganz klar ist, wo der Endpunkt der Reise liegen soll.

Die Gegenwart

Bringt man die vergangenheits- und die zukunftsbezogene Perspektive zusammen, so kommen Menschen mitunter zu einer kognitiv-emotional Evaluation ihres aktuellen (Er-)Lebens, im besten Fall zu einer positiven Bewertung. Sie werden dann etwas sagen in der Form von: »Da, wo ich jetzt bin, mit allem Drum und Dran: Das fühlt sich gut an, das macht Sinn. Ich bin zwar noch nicht genau dort, wo ich hinwill. Aber ich habe bisher schon so viel gewuppt, da mache ich mir wegen der anstehenden Aufgaben keine großen Sorgen.« Dieses Einordnen, das Erkennen eines übergreifenden Musters: Das ist es, was Psychologen als Sinnerleben bezeichnen.

> Sinnerleben in der Gegenwart speist sich aus der Integration der Vergangenheit in Verbindung mit einer positiven Vision für die Zukunft.

Positive Konsequenzen des Sinnerlebens

Schon eingangs des Kapitels hatte ich erwähnt, dass Menschen – zumindest hypothetisch – bereit sind, einen Teil ihres monetären Einkommens zugunsten einer stärkeren Sinnwahrnehmung zu opfern. Mit dieser Aussage möchte ich Sie jedoch nicht ermutigen, knauserig bei der nächsten Gehaltsverhandlung zu sein. Aus einer reinen Nutzenperspektive müssten Unternehmen jenen Mitarbeitern, die besonders viel Sinn in ihren Aufgaben empfinden, eigentlich mehr Geld bezahlen – weil sie im Mittel auch mehr zum Gesamtwohl des Unternehmens beitragen. Eine Metaanalyse (Studienform, die bestehende Forschung zu einem

Thema integriert) der Wissenschaftler Hu und Hirsh aus dem Jahr 2017 kommt hier zu eindeutigen Schlussfolgerungen. Arbeitnehmer mit ausgeprägter Sinnwahrnehmung sind

- deutlich motivierter,
- spürbar engagierter,
- leistungsfähiger und
- erfolgreicher in ihrem Job.

Außerdem sind sie gewissenhafter gegenüber ihrem Arbeitgeber und engagieren sich stärker als andere über die eigenen Aufgaben hinaus für die Organisation. Sie zeigen zudem

- weniger arbeitsbezogenen Stress,
- ein geringeres Maß an Burn-out-Symptomen.
- weniger Bereitschaft, den aktuellen Arbeitgeber zu verlassen.

All dies klingt verlockend aus Sicht eines Arbeitgebers. Aber auch Arbeitnehmer profitieren, wenn sie das Gefühl haben, dass ihre Aufgaben sinnvoll sind. Sie erleben deutlich mehr Arbeitszufriedenheit, bessere Beziehungen zu Kollegen und Vorgesetzten sowie mehr Lebenszufriedenheit und übergreifendes Sinnempfinden.

Ich gehe davon aus, dass Ihnen an diesem Punkt ausreichend klargeworden ist, warum das Bemühen um das Sinnerleben Ihrer Mitarbeiter eine lohnenswerte Investition darstellt.

> Arbeitsbezogenes Sinnerleben funktioniert nach dem Win-win-Prinzip. Es hat nachweislich positive Effekte für Mensch *und* Organisation.

Die Sinn-Matrix: Bausteine von guter Arbeit

Nachdem ich Sie hoffentlich von der allseitigen Nützlichkeit sinnerfüllter Arbeit überzeugen konnte, ist es Zeit, das zentrale Modell dieses TaschenGuides vorzustellen. Es bildet die Grundlage für die meisten weiteren Ausführungen und wird Sie durch das Buch begleiten. Visualisiert ist es in folgender Grafik.

Die Sinn-Matrix

Das Modell geht auf die Forscher Rosso, Dekas und Wrzesniewski zurück, die es erstmalig 2010 in einem einflussreichen wissenschaftlichen Magazin veröffentlichten. Es entstammt einer

Arbeit, die sich zum Ziel setzte, die Forschung der vergangenen Jahrzehnte zu arbeitsbezogener Sinnwahrnehmung zu systematisieren. Somit integriert es die Erkenntnisse hunderter früherer Studien. Die Kernabsicht der Wissenschaftler war es, diverse Forschungsprogramme und Denkschulen auf möglichst wenige Dimensionen zurückzuführen. In der Folge entstand ein erhellendes Modell der Treiber von sinnerfüllter Arbeit. Die Essenz dessen bildet jene Grafik, die ich Ihnen oben präsentiert habe.

Es handelt sich um ein klassisches 2x2-Schema.

- Auf der vertikalen Achse wird unterschieden, ob ein Sinntreiber die Ebene des Individuums allein betrifft oder ob es um den Menschen als Teil einer Gruppe geht. Man kann auch sagen, dass es um die Unterscheidung zwischen Tun und Sein geht. Der obere Bereich beschreibt die Dimension des aktiven Tuns, während der Sektor unten zur tendenziell passiven Sein-Dimension gezählt werden kann.
- Die horizontale Achse steht für die Frage, ob der Faktor in seinen Auswirkungen auf die handelnde Person selbst (links) oder auf andere Menschen gerichtet ist (rechts).

Ich werde nun den Inhalt der vier Quadranten überblicksartig beschreiben. Die weiteren Kapitel des Buches widmen sich dann im Detail jeweils einem der Felder. Wichtig für Ihr Verständnis: Alle Felder tragen unabhängig voneinander dazu bei, dass ein Mensch seine Arbeit als mehr oder weniger sinnvoll empfindet. In diesem Sinne ist es hilfreich für Ihre Rolle als Führungskraft – zumindest nach und nach – allen Quadranten

Aufmerksamkeit zu widmen in Bezug auf das Erleben Ihrer Mitarbeiter.

Wenn Sie mögen, bringen Sie für den Augenblick gedanklich einen Regler mit einer Skala von 1 bis 10 an jeden der Quadranten an, während Sie die Beschreibungen lesen. So können Sie einschätzen, inwieweit der betreffende Treiber in Ihrer aktuellen Rolle bedient oder vernachlässigt wird. Wenn Sie mutig sind und ein Fan von Transparenz, können Sie die Beschreibung natürlich auch Ihren Mitarbeitern vorlegen und um eine entsprechende Einschätzung bitten.

Die Quadranten der Sinn-Matrix

Oben rechts: der Greenpeace-Quadrant

Im *oberen rechten* Quadranten geht es um die Wirkung, die ein Mensch durch seine Arbeit für andere erzielt. Die Profiteure der eigenen Leistung können innerhalb der eigenen Organisation beheimatet sein, doch zuvorderst denken Menschen hier an externe Akteure: Kunden oder, weiter gefasst, alle Personengruppen, die aus den Leistungen der Organisation Nutzen ziehen. Je »edler« die Motive einer Organisation, desto stärker ist die Sinnwahrnehmung in der Regel. Ich nenne diesen Sektor daher auch augenzwinkernd den Greenpeace-Quadranten. Somit wird auch deutlich, dass dieser Faktor spürbar vom Zweck der Organisation beeinflusst wird. Organisationen aus dem Sozial- oder Gesundheitssektor bzw. Non-Profit-Organisationen haben hier einen Vorteil gegenüber gewinnorientierten Unternehmen. Je nachdem, wie deutlich die Auswirkungen des persönlichen Einsatzes erlebbar werden, kann auch die Sinnwahrnehmung zwischen verschiedenen Mitarbeitern ein und derselben Organisation stark schwanken. Ein Controller beispielsweise, der genau versteht, dass 80 Prozent seiner Reports ungelesen in den Papierkorb wandern, hat kein leichtes Spiel im Bereich dieses Quadranten.

Reflexion: Welchen Unterschied machen Sie mit Ihrer Arbeit für andere?

Wenn Sie an Ihre berufliche Situation denken: Wie sehr stimmen Sie den folgenden Aussagen zu (auf einer Skala von 1 bis 10)?

- »Die Ergebnisse meiner Arbeit haben einen spürbaren Einfluss auf das Leben unserer Kunden (und ggf. weiterer Stakeholder).«
- »Die Ergebnisse meiner Arbeit haben einen spürbaren Einfluss auf die Leistungen und Ergebnisse meiner (zumindest: einiger) Arbeitskollegen.«

Unten rechts: der Wohlfühl-Quadrant

Der *untere rechte* Quadrant integriert Faktoren, die mit Zugehörigkeit zu tun haben. Hier geht es einerseits um die persönliche Bindung unter den Menschen, die miteinander arbeiten. Je mehr man seine (oder wenigstens einige) Kollegen mag, desto ausgeprägter ist die Sinnwahrnehmung. Auf einer übergeordneten Ebene bildet dieser Quadrant zudem Faktoren ab, die in den Bereich der organisationalen Identifikation fallen. Je stärker ein Mensch eine Übereinstimmung zwischen den persönlichen Motiven und Wertvorstellungen und jenen der Organisation erlebt, desto ausgeprägter wird sich die Sinnwahrnehmung zeigen. Andauernde Wertekonflikte andererseits sind ein ziemlich treffsicherer »Sinnkiller«.

Reflexion: Welche Bindung spüren Sie innerhalb Ihres Unternehmens?

Wenn Sie an Ihre berufliche Situation denken: Wie sehr stimmen Sie den folgenden Aussagen zu (auf einer Skala von 1 bis 10)?

- »Es gibt mindestens eine Handvoll Menschen in meiner Organisation, mit denen ich mich wirklich gut verstehe.«
- »Ich identifiziere mich mit den Werten meiner Organisation.«

Unten links: der Me-Myself-and-I-Quadrant

Beim *linken unteren* Quadranten geht es um die Beziehung des Arbeitenden zu sich selbst – besser gesagt: zu den verschiedenen Anteilen des Selbst. Jeder Mensch ist, metaphorisch betrachtet, ein Sammelsurium aus diversen Bausteinen: Stärken und Schwächen, Hoffnungen und Ziele – verschiedenste Motive, die mitunter auch im Widerstreit stehen können. Dazu gehört, dass wir einige Persönlichkeitsbausteine als stärker zu uns gehörig erleben. Wir identifizieren uns mehr mit unseren Stärken als den Schwächen. Ebenso haben wir Präferenzen, von denen wir annehmen, dass sie unserem wahren Selbst näher sind als andere. So nehmen wir vor allem solche Aufgaben als förderlich für unser Sinnerleben wahr, die uns Gelegenheit geben, unsere Stärken einzusetzen, und die zentraleren Teile unseres Selbstkonzepts bedienen.

Reflexion: Können Sie sich selbst ausleben?

Wenn Sie an Ihre berufliche Situation denken: Wie sehr stimmen Sie den folgenden Aussagen zu (auf einer Skala von 1 bis 10)?

- »Ich verbringe viel Zeit mit Aufgaben, in denen ich meine wahren Stärken zum Einsatz bringen kann.«
- »Ich kann einfach ich sein und muss mich nicht verstellen, um in meinem Job gute Leistungen zu erbringen.«

Links oben: der Freiheits-Quadrant

Der *linke obere* Quadrant bündelt Faktoren, durch die sich ein Mensch als wirksam und autonom handelnd erlebt. Hier geht es nicht um die Auswirkungen des eigenen Tuns (wie im Quadranten oben rechts), sondern schlicht um Spielräume. Je mehr wir bewegen können, desto mehr Sinnwahrnehmung erleben wir. Je mehr Ressourcen wir zur Verfügung gestellt bekommen, desto besser. Ich denke, es ist intuitiv ersichtlich, dass Führungskräfte hier tendenziell im Vorteil sind gegenüber Nicht-Führungskräften.

Reflexion: Welchen Spielraum haben Sie?

Wenn Sie an Ihre berufliche Situation denken: Wie sehr stimmen Sie der folgenden Aussage zu (auf einer Skala von 1 bis 10)?

- »Ich genieße ausreichende Freiheiten, um meine Arbeit nach meinen Wünschen zu gestalten.«
- »Ich verfüge über ausreichende Mittel (z. B. Budget), um meine Aufgaben in guter Art und Weise zu erledigen.«

Sie kennen jetzt die wesentliche Bedeutung der Quadranten der Sinn-Matrix. Ich lade Sie nun dazu ein, die einzelnen Sektoren genauer zu betrachten. Die Logik der kommenden Kapitel folgt dem Inhalt der bereits vorgestellten Sinn-Matrix. Wir beginnen mit dem oberen rechten Quadranten und arbeiten uns im Uhrzeigersinn vor. Das Ziel jedes der folgenden Kapitel ist es, Ihnen ein tieferes Verständnis um die Bedeutung des Sektors zu ermöglichen – um Ihnen dann aufzuzeigen, durch welche Haltungen und Handlungen Sie als Führungskraft positiv auf das Erleben der von Ihnen geführten Menschen einwirken können.

Vorab sei angemerkt: Fast ebenso häufig wie ums Tun geht es dabei ums Lassen von bestimmten Dingen. Sinnerleben ist ein zartes Pflänzchen. Es braucht guten Boden, viel Licht und ein wenig Dünger – aber genau wie Gras wächst es garantiert nicht schneller, wenn man daran zieht.

Arbeit, die einen Unterschied macht

Die Welt retten, sie wenigstens ein Stück besser machen. Wer möchte das nicht? Nun kann nicht ein jeder Herzen transplantieren, den Ozean säubern oder Katzen aus Bäumen retten. Einige von uns sind Programmierer, Buchhalter oder Tütensuppen-Vermarkter. Das ist aber nicht tragisch.

In diesem Kapitel erfahren Sie u. a.,

- warum Mitarbeiter Sinn erleben können, auch wenn ihr Unternehmen nicht die Welt rettet,
- welch große Bedeutung positives Feedback für unser Sinnerleben hat,
- warum auf der Suche nach Sinn der Blick über den Tellerrand so wichtig ist.

»Nur noch kurz die Welt retten«

Die Sinn-Matrix: Impact

Erinnern Sie sich noch an den Film »Armageddon« aus dem Jahr 1998? In diesem Science-Fiction-Spektakel spielt Bruce Willis einen Bohrexperten namens Harry Stamper, der zusammen mit einigen hochkompetenten, aber chaotischen Weggefährten mit Raumschiffen auf einem Riesenkometen abgesetzt wird, um diesen mittels einer Atombombe in die Luft zu jagen, bevor er mit der Erde kollidieren und die Menschheit auslöschen kann. Wie für einen Hollywood-Film üblich, geht vor dem erlösenden Finale so einiges schief.

Statt die Bombe in einem Bohrloch zu versenken und aus der Ferne des Alls zu zünden, wird zum Ende des Films deutlich, dass jemand auf dem Kometen verbleiben muss, um die Explosion von Hand auszulösen. Das Los fällt ausgerechnet auf Ben Affleck alias A.J. Frost, Harrys Schwiegersohn in spe (Harrys Tochter wartet auf der Erde). Im allerletzten Moment manipuliert Harry den Raumanzug von A.J., sodass dieser die Mission nicht antreten kann. Er entreißt ihm den Zündmechanismus und entfacht wenig später die Nuklearexplosion, während die restlichen Crewmitglieder mit einem ramponierten Raumschiff wieder Richtung Erde düsen, wo sie von der NASA empfangen und als Helden gefeiert werden. Der Film ist recht witzig, aber auch vollkommen unrealistisch, ziemlich kitschig, trieft vor Pathos – und verläuft genau nach »Schema F«. Trotzdem habe ich einen leichten Kloß im Hals und bin ein wenig angerührt, während ich Ihnen diese Szenen beschreibe. Warum ist das so?

Bruce Willis alias Harry Stamper bringt am Ende des Films das ultimative Opfer: Er gibt sein Leben, um jenes seiner Kameraden, seiner Tochter und letztlich der ganzen Welt zu retten. Er verliert seine Existenz, hat aber gleichzeitig den größtmöglichen Impact, den ein Mensch überhaupt haben kann. Wie Jesus in der Bibel wird er zum Erlöser.

Die meisten Erwachsenen verstehen, dass sie eines Tages sterben müssen. Unabhängig vom Glauben daran, was nach diesem Ereignis kommt, hegen deshalb viele Menschen den Wunsch, etwas zu erschaffen, was die eigene Existenz überdauert. Nicht wenige tröstet die Erfahrung, mit dem Aufziehen eigener Kinder den Strom des Lebens fortzuführen. Davon abgesehen treibt viele um, etwas zu schaffen, was *einen Unterschied macht*: vielleicht eine Stiftung, die armen Kindern eine Ausbildung ermöglicht, eine Erfindung, die dabei hilft, Menschenleben zu retten – oder wenigstens ein gutes Buch, das anderen zu tieferer Einsicht verhilft. Viktor Frankl, ein österreichischer Arzt, der einige Jahre seines Lebens im KZ verbringen musste und heute als Begründer Sinnforschung gilt, sprach davon, dass Menschen einen »Willen zum Sinn« haben.

> Menschen wollen spüren, dass ihr Wirken einen Unterschied macht im Leben anderer – auf und abseits der Arbeit.

Gut, dass es mich gibt!

Dieser Wunsch, eine positive Wirkung auf das Leben anderer Menschen zu haben, begleitet uns, wenn wir unsere Schaffenskraft in den Dienst einer Organisation stellen. Je unmittelbarer wir erleben können, dass unser Tun einen Unterschied macht, desto ausgeprägter ist auch das Sinnerleben. Am anderen Ende des Kontinuums steht Arbeit, die wir umsonst – im Sinne von: vergebens – leisten. Menschen, die das Gefühl haben, dass es am Ende des Tages egal ist, ob sie ihr Werk verrichten oder nicht, werden, so sie nicht dringend auf das Geld angewiesen sind, mit großer Wahrscheinlichkeit das Weite suchen. Wenn sie dennoch bleiben, gehören sie mit Sicherheit nicht zu den engagierten Kollegen. Wozu auch?

Prinzipiell gibt es zwei Adressatengruppen, wenn Menschen über den Impact ihrer Arbeit nachdenken: Zum einen Kollegen, die innerhalb der eigenen Organisation mit dem Ergebnis des eigenen Tuns weiterarbeiten bzw. allgemein einen Nutzen daraus ziehen; und zum anderen jene, die außerhalb der Organisation von den Produkten und Dienstleistungen profitieren.

BEISPIELE: IMPACT EINES TALENT MANAGERS UND EINES CONTROLLERS

Der Talent Manager in einem Medizintechnik-Konzern zieht große Befriedigung aus der Tatsache, dass er Kollegen dabei behilflich ist, ihre Karriere nach deren Wünschen im Einklang mit den Bedürfnissen der Organisation zu gestalten. Gleichzeitig beseelt ihn der Gedanke an die Ärzte und Pfleger, die mit den Produkten des Unternehmens das Leben vieler Millionen Menschen ein wenig verbessern.

Der Controller in einem Kosmetik-Konzern weiß, dass er durch sein kritisches Auge und Gespür für Zahlen zur Profitabilität des Gesamtsystems beiträgt, was die Zukunftsfähigkeit des Unternehmens – und damit auch die Arbeitsplätze der Kollegen sichert. Zudem erfreut er sich an der Idee, dass die Produkte des Unternehmens den Endverbrauchern dabei helfen, ihren Selbstwert durch gutes Aussehen zu stärken.

Die Sache hat jedoch einen Haken: Je größer eine Organisation wird, desto kleinteiliger ist sie in der Regel organisiert. Die Arbeit verteilt sich mitunter auf tausende Abteilungen, Funktionen und Bereiche, über viele Hierarchiestufen hinweg. Bei internationalen Konzernen kommen meist noch verschiedene Divisionen und Ländergesellschaften hinzu. Dies führt dazu, dass die Mitarbeiter zunehmend weniger sinnstiftende Muster erkennen können. Die Kleinteiligkeit einerseits in Verbindung mit der kaum noch zu überblickenden Größe andererseits macht es zunehmend schwerer, Verbindungen zu erkennen, Vergangenes mit Zukünftigem in Einklang zu bringen und eine Beziehung zum Gesamtsystem aufzubauen bzw. zu erhalten.

Eine Ihrer Kernaufgaben als Führungskraft ist es, diesen Sinnbildungsprozess für Ihre Mitarbeiter wahrscheinlicher zu machen, indem Sie ihnen regelmäßiges Feedback geben. Das betrifft einerseits die Rückmeldung zu deren Arbeitsleistung – doch geht es ebenso um die Einordnung der Fülle an Signalen, die auf die Mitarbeiter einprasseln.

Feedback als Sinnesorgan

Stellen Sie sich bitte vor, jemand würde Ihnen die Augen verbinden, vielleicht sogar ungewollt. Spätestens, wenn man Sie dann noch ein- oder zweimal im Kreis drehte, wäre das Ergebnis: Orientierungslosigkeit. Diese führt im Extremfall zu Hilflosigkeit. So, wie die Rückmeldungen durch unsere Sinnesorgane uns dabei helfen, uns in der physischen Umwelt zu orientieren, so hilft uns Feedback durch andere Menschen, uns in sozialen Systemen zu orientieren. Das heißt im Umkehrschluss: Ohne Feedback sind wir in Organisationen ein gutes Stück weit orientierungslos – und damit unter Umständen hilflos.

Feedback ist »Be-Deutung«. Durch Feedback lernen wir nach und nach, was unser Handeln – und das der anderen Menschen in der Organisation – bedeutet. Feedback stellt Zusammenhänge her, hilft uns, Muster zu erkennen, wo wir alleine keine erkennen können. Ja, der Sinn von Feedback in der Arbeitswelt ist auch, unsere Leistung zu steigern, uns zu zeigen, wo »der rechte Weg« durch das Dickicht der Möglichkeiten verläuft. Aber die Relevanz von Rückmeldungen in sozialen Systemen geht weit darüber hinaus. Ohne ausreichendes Feedback sind wir in einer Organisation ein Stück weit sinn(es)los.

Niemand erhält genug Feedback

Gleichzeitig zeigt sich, dass im Grunde niemand genug Feedback erhält. Im Rahmen meiner Vorträge frage ich die Teilnehmer ab und an, wer das Gefühl hat, ausreichend Rückmeldung zur eigenen Arbeit zu erhalten, sei es in Form von Anerkennung oder auch konstruktiver Kritik und Verbesserungsvorschlägen. Ganz gleich, ob ich vor 50 Menschen spreche oder 500: Selten gehen mehr als ein paar Arme hoch, um diese Frage zu bejahen.

Im August 2019 habe ich noch genauer hingeschaut: Für eine Studie habe ich mehr als 900 deutsche Arbeitnehmer gefragt, welche von 30 ausgewählten Störfaktoren ihnen am häufigsten die Arbeitsfreude verderben. Nach dem Fehlen von Ressourcen wie Budget, fehlenden Karriereperspektiven und einem Mangel an Vertrauen ins Topmanagement, liegt der Aspekt »kaum Rückmeldung zu meiner Arbeit« auf den Plätzen vier und fünf. Zwei Plätze nimmt dieser Punkt ein, weil ich getrennt nach Wertschätzung und konstruktiv-kritischem Feedback (Lernchancen) gefragt habe. Interessant: Der Wunsch nach kritischer Rückmeldung überwiegt sogar leicht das Verlangen nach Streicheleinheiten. In einer tiefergehenden Analyse zeigte sich außerdem, dass beide Formen von Feedback in ausgeprägtem Maß dafür verantwortlich sind, ob die eigene Führungskraft als erstklassig oder doch eher als Flop beurteilt wird.

Wenn Sie schon ein paar Jahre an Arbeitserfahrung auf dem Buckel haben, wird Sie dieser Befund vermutlich kaum verwundern. Sie werden den Mangel an Feedback bereits selbst ausgiebig gespürt haben. Und wenn Sie selbst führen – Hand aufs Herz: Glauben Sie wirklich, dass Sie genug Rückmeldung geben? Die Ergebnisse meiner Studie und ähnlicher Arbeiten zeigen, dass es mit großer Wahrscheinlichkeit nicht so ist. Das gilt selbstverständlich auch für mich. Obwohl ich in meiner früheren Führungsaufgabe insgesamt immer recht gute Bewertungen von meinen Mitarbeitern erhalten habe, mokierten sie sich Jahr für Jahr über einen Mangel an Wertschätzung und hilfreichen Verbesserungsvorschlägen. Nur weil ich schlau daherreden kann, mache ich es nicht zwingend besser.

> Feedback ist »Be-Deutung«. Bedeutung ist Sinn.

Was ist der Grund für den Feedback-Notstand?

Wenn ein Problem im Grunde bekannt ist und Menschen im Prinzip motiviert sind, den Missstand zu beheben – und es trotzdem millionenfach nicht funktioniert, dann lohnt es sich, nochmal auf einer anderen Ebene nachzuforschen. Was ist das Problem mit Feedbackprozessen? Die einfache Antwort: Keiner mag sie, insbesondere, wenn sie in formalisierter Art und Weise daherkommen (z. B. das berühmt-berüchtigte Jahresgespräch). Mitarbeiter mögen sie nicht – und Vorgesetzte meist auch nicht. Diese Gespräche fühlen sich falsch an, nicht authentisch und deplatziert.

In keinem anderen Moment unseres Berufslebens werden uns Statusunterschiede so deutlich vor Augen geführt. Das ist unangenehm für den Mitarbeitenden, aber auch für den Leitenden. Da hat man sich das ganze Jahr über redlich bemüht, auf Augenhöhe zu führen, zu delegieren oder Aufgaben ganz loszulassen, sich nicht einzumischen – und Schwupps! liegt da ein irgendwie gearteter Fragebogen, von dem erwartet wird, dass man ihn mit dem Mitarbeiter durchnudelt, damit am Ende beide ihre digitale Signatur darunter setzen können, auf dass ein Eintrag im Talent-Management-System erscheinen möge. Selbst Lob und Wertschätzung können sich falsch anfühlen, weil ihnen immer noch der Aspekt der Bewertung innewohnt: Wer lobt, begibt sich, zumindest strukturell, in eine One-up-Position.

Feedback: wie ein zu eng sitzender Schal

Selbst wenn eine Rückmeldung größtenteils positiv ausfällt, drängt die Funktionsweise unseres Gehirns uns dazu, fast ausschließlich auf die negativen Botschaften zu achten. Dieser Modus hat uns über die Jahrtausende geholfen, als Spezies zu überleben. Aber er hindert uns auch daran, »das Gute« wirklich an uns heranzulassen. Feedbacksituationen lösen fast unweigerlich verschiedene Formen der sozialen Unsicherheit aus. Sie bedrohen implizit unseren Status, unser Gefühl von Sicherheit sowie Gefühle von Autonomie, Verbundenheit und Fairness.

Im Englischen ergeben diese Begriffe das Akronym SCARF (im Deutschen: Schal): Status, Certainty, Autonomy, Relatedness,

Fairness. Diese Kognitionen laufen vorbewusst ab; sie sind kaum zu unterdrücken. Wir können sie jedoch abschwächen, wenn es uns gelingt, in der betreffenden Organisation eine Feedback-Kultur zu entwickeln – und zwar derart, dass Menschen sich regelmäßig aktiv und freiwillig Rückmeldung einholen. Das beseitigt den Schal zwar nicht vollends, lockert ihn jedoch und macht die Feedbacknehmer wieder zum Urheber ihres Handelns. Es gibt uns ein Stück weit Kontrolle und Selbstwirksamkeit zurück, was den Gefühlen der Machtlosigkeit und des Ausgeliefertseins entgegenwirkt.

> Ermutigen Sie Ihre Mitarbeiter, sich regelmäßig *aktiv* ein kurzes niedrigschwelliges Feedback einzuholen – von Ihnen als Führungskraft, aber natürlich auch von Kollegen oder Kunden.

Feedback für Führungskräfte

Feedback sollte regelmäßig sowie zeitnah platziert werden und sich auf konkretes Verhalten beziehen: lieber einmal pro Woche eine kurze Durchsprache als einmal im Jahr das große Pow-Wow. Das heißt nicht, dass man das Jahresgespräch ausfallen lassen sollte. Aber nach meinem Dafürhalten geht es in diesem Rahmen eher um die Big Points: Man spricht außer der Reihe über die kommenden Jahre, Karriereoptionen, gegenseitige Erwartungen auch über die Arbeit hinaus usw.

In meiner Rolle als Vice President bei Bertelsmann ließ ich mir regelmäßig Kurzfeedback zu verschiedenen Aspekten meiner Leistung bzw. des gemeinsamen Arbeitens geben. Ich nannte dieses Vorgehen »Freitagsmail«. Ich bat die Kollegen, mir im Zweiwochentakt, als letzten Arbeitsakt vor dem Wochenende, eine kurze Mail zu schreiben. Das Ganze sollte die Menschen nicht mehr als fünf Minuten kosten. Das Medium E-Mail wählte ich, weil wir aufgrund von hoher Reisetätigkeit selten an einem Ort waren und daher sowieso viel per Mail kommunizierten. Das Vorgehen sollte sich organisch in den normalen Arbeitsablauf einfügen – und nicht als zusätzliche Belastung empfunden werden. Konkret bat ich die Mitarbeiter, drei Fragen zu beantworten:

- Zum einen sollten sie mir ihre übergreifende Zufriedenheit mit meiner Arbeit auf einer Zehnerskala mitteilen. Das Ganze war als eine Art Puls-Check gedacht. Mir ging es dabei nicht um Vergleiche zwischen den Personen, sondern eher um Schwankungen bei den jeweiligen Mitarbeitern über die Zeit. Manche gaben standardmäßig Antworten im Neuner-Bereich – und ich wurde hellhörig, wenn es einmal auf eine Acht herunterging. Andere antworteten im Mittel niedriger, was nicht tragisch war. Wenn ein Mitarbeiter allerdings mehrere Wochen am Stück unter dem persönlichen Schnitt lag, war das ein wichtiges Signal für mich, einmal genauer nachzuhören, wo der Schuh drückt.
- Außerdem bat ich sie darum, mir drei besonders erwähnenswerte Dinge aus den letzten zwei Wochen mittzueilen. Dies nannte ich WWW – was hier für »What Went Well?« steht. Worauf waren die Kollegen besonders stolz? Was hatte sie besonders erfreut? Welche Erfolge gab es zu feiern? Ich wollte damit bewirken, dass sie mit diesen positiven Gedanken

im Hinterkopf ins Wochenende entschwanden. Stress gab es immer genug und am Montag wartete wieder reichlich Arbeit auf uns – aber diese Gedanken sollten nach Möglichkeit am Freitagnachmittag im Büro verbleiben. Außerdem lernte ich so mehr darüber, welche Aspekte ihrer Arbeit den Personen individuell besonders wichtig waren.

- Schließlich bat ich in der Freitagsmail um eine dritte Form der Information. Diese Kategorie nannte ich »Make a Wish«. Es ging darum, dass mir die Mitarbeiter möglichst zeitnah – positiv formuliert – sagen sollten, wenn es etwas gab, was sie an ihrer Arbeit allgemein, aber natürlich auch in der Beziehung zu meiner Person, störte. Ich versprach ihnen, am jeweils darauffolgenden Montag alles in meiner Macht Stehende zu tun, um den Missstand zu beseitigen – unter der Maßgabe, dass es »legal und budgetär machbar« sein sollte.

Mir ging es schlicht um eine niedrigschwellige Einladung, mir zeitnahes Feedback in Bezug auf meine Führungsleistung zu geben. Zwar wurde bei Bertelsmann sowieso einmal im Jahr strukturiertes Aufwärtsfeedback an die direkte Führungskraft gegeben. Gleichzeitig war mir klar, dass es nicht besonders klug gewesen wäre, in der Zwischenzeit jeden erdenklichen Fehler zu machen, der sich bei jungen Führungskräften nun einmal einschleichen kann. Ich wollte schnell, regelmäßiger, einfach mehr Feedback erhalten, um meinen Lernprozess zu beschleunigen.

Meine Erfahrungen mit diesem improvisierten Feedbackinstrument waren durchweg positiv, auch wenn es von den verschiedenen Personen im Team unterschiedlich aufgenommen und genutzt wurde. Manche Mitarbeiter setzten es von Beginn an reichlich und sehr konkret ein. Andere machten Angaben zu ihrer Zufriedenheit und zu WWW, formulierten aber über lange Zeit keine Verbesserungsvorschläge. Es brauchte zum Teil einige Monate, bis die ersten »sanften« Vorschläge und Eingaben kamen. Ich erkläre mir das in der Rückschau so, dass jene Mitarbeiter in der Vergangenheit vermutlich in Konstellationen gearbeitet hatten, in denen Aufwärtsfeedback nicht erwünscht war und potenziell schädlich gewesen wäre. In so einem Fall traut man sich nicht so schnell aus der Deckung. Hier hakte ich behutsam, aber beharrlich nach – und irgendwann kamen die Rückmeldungen dann regelmäßig. Gleichzeitig wurden die Feedbacks mit der Zeit immer konkreter, auch immer klarer an meine Person gerichtet. Während es zu Beginn meist um Kontext- und Sachfaktoren ging, nutzten die Mitarbeiter das Werkzeug später auch dezidiert, um Verbesserungen in Bezug auf meine Führungsleistung einzufordern. Es kamen dann Sätze wie: »Was du da neulich vor allen gesagt hast, empfand ich als wenig wertschätzend. Das hätte ich in Zukunft gerne anders!«

Solche Rückmeldungen sind naturgemäß nicht besonders leicht zu verdauen, aber essenziell notwendig. Auf diese Weise haben meine Mitarbeiter mir geholfen, nicht permanent mit der metaphorischen Augenbinde herumzulaufen. Mehr zum Thema Aufwärtsfeedback finden Sie im letzten Kapitel.

Das beste Selbst im Spiegel

Gleich hier möchte ich Ihnen noch ein Feedback-Werkzeug vorstellen, das Ihnen und natürlich auch Ihrem Team helfen kann, den persönlichen Horizont zu erweitern und die ureigenen Stärken neu kennenzulernen. Manche Menschen haben Lust, ihre Persönlichkeit zu explorieren, sind aber nicht besonders scharf darauf, Testverfahren zu absolvieren (wie den VIA-Test, der im Kapitel »Werte in Aktion« vorgestellt wird). Der nun vorgestellte Weg kostet Sie einige Stunden Ihrer Zeit – doch ich verspreche Ihnen: Er ist den Aufwand mehr als wert.

Dieses Instrument wurde an der University of Michigan entwickelt und beruht auf einer Arbeit der Forscher Roberts, Dutton, Spreitzer, Heaphy und Quinn aus dem Jahr 2005. Im Englischen wird es Reflected Best Self Exercise™ genannt. Ich nenne es gerne »Das beste Selbst im Spiegel«. Zusammengefasst geht es darum, ein komprimiertes Bild Ihrer Stärken zu erarbeiten – und zwar ausschließlich aus dem Blickwinkel anderer Menschen. Um Ihnen ein Gefühl für das Endprodukt dieser Übung zu vermitteln, sehen Sie hier mein bestes Selbst im Spiegel.

BEISPIEL: MEIN BESTES SELBST IM SPIEGEL

Wenn ich in Kontakt mit meinem besten Selbst bin, bin ich ein Lehrender: Ich verbinde Menschen und Ideen miteinander. Menschen vertrauen mir, weil ich authentisch bin. Ich führe durch Autorität – nicht durch Hierarchie: Weil ich ein Vorbild bin – und weil ich einfach ich bin. Ich bin ein charismatischer Redner, kann mein Publikum innerhalb von Sekunden fesseln. Mein extremer Energie-Level und meine Fähigkeit zur Organisation machen mich ungemein produktiv. Ich bin eine treibende Kraft des Wandels, denn ich inspiriere Menschen dazu, ihre ganz eigene Veränderung anzustoßen: im Business wie im Leben an sich. Ich liebe und lache so viel wie möglich.

Um diese Übung durchzuführen, benötigen Sie die Unterstützung von etwa 15 Menschen, die Sie persönlich kennen. Idealerweise handelt es sich um Personen aus verschiedenen Lebensbereichen, mit denen Sie zudem unterschiedlich eng bekannt sind (Familie, Freunde, Menschen aus verschiedenen Arbeitskontexten usw.). Je unterschiedlicher die Perspektiven, desto aussagekräftiger wird das Ergebnis sein.

1. Im ersten Schritt bitten Sie diese Personen, Ihnen schriftlich bis zu drei Begebenheiten zur Verfügung zu stellen, bei denen diese Sie in Höchstform erlebt haben. Es geht um Episoden, in denen die oder der andere Sie als besonders wirksam, erfolgreich oder vorbildlich wahrgenommen hat. Bitten Sie um konkrete Begebenheiten, nicht um allgemeine Eindrücke. Im Englischen lautet die Anweisung: »Please tell me a story about myself when you saw me at my best.« Der Kontext wird dabei offengelassen, damit die Beteiligten selbst entscheiden können, was das Beste ist.
2. Nachdem Sie genug Geschichten gesammelt haben, integrieren Sie diese in ein Dokument und drucken es aus. Nehmen Sie sich nun mindestens zwei Stunden Zeit, gehen Sie an einen ruhigen Ort und verfahren Sie wie folgt: Lesen Sie zunächst alle Rückmeldungen zwei- oder dreimal aufmerksam durch. Erlauben Sie sich, den positiven Inhalt voll wahrzunehmen und zu schätzen.
3. Im nächsten Schritt lesen Sie die Texte erneut. Legen Sie Stift und Textmarker bereit, notieren Sie Anmerkungen und unterstreichen Sie wichtige Stellen. Ziel dieses Schrittes ist

es, Gemeinsamkeiten und Muster in den unterschiedlichen Episoden zu entdecken. Diese Bindeglieder zwischen den verschiedenen Wahrnehmungen bilden die Basis für die Beschreibung Ihres besten Selbst.

4. Aggregieren Sie die Inhalte, bis Sie einen Strauß voll aussagekräftiger Attribute, Bilder oder Metaphern gefunden haben. Sie sind das Destillat der Aussagen Ihrer Feedbackgeber.

5. Nutzen Sie diese destillierten Informationen, um in der Ich-Form ein Bild Ihres besten Selbst zu verfassen. Es geht an dieser Stelle nicht um ein ausführliches Persönlichkeitsprofil, sondern um ein strahlkräftiges Kurzporträt. Sie können auch verschiedene Versionen schreiben bzw. eine Version immer wieder optimieren. Ziel ist es, dass jedes einzelne Wort an der richtigen Stelle steht, sich stimmig anfühlt und einen besonderen Sinn für Sie ergibt.

Ich habe außergewöhnlich gute Erfahrungen mit dieser Übung gemacht – ein Ausdruck meines Porträts hing in meinem Büro bei Bertelsmann, eine weitere Version ziert mein Coaching-Büro. Die Übung entfaltet ihre besondere Wucht, weil Menschen es – zumindest nach den ersten Lebensjahren – kaum noch gewohnt sind, uneingeschränkt positives Feedback zu erhalten. Während unserer Ausbildung und auch im Berufsleben erhalten wir nur gemischte Botschaften, was nicht immer hilfreich ist.

Nicht selten verdrücken Menschen sogar das eine oder andere Tränchen, wenn sie die Rückmeldungen zum ersten Mal lesen. Es kann sein, dass Menschen uns an besondere Begebenheiten erinnern, die uns schon lange entfallen waren. Oder aber wir entdecken, dass andere eine Stärke in uns sehen, während wir alles für völlig normal gehalten haben. Andererseits tut es genauso gut, wenn Menschen uns einfach in unserer eigenen Stärkenwahrnehmung bestätigen.

Im Amerikanischen gibt es den Merksatz: »Where attention goes, energy flows«, was man ungefähr so ins Deutsche übersetzen kann: »Unsere Energie fließt dorthin, worauf unsere Aufmerksamkeit gerichtet ist.« Unser bestes Selbst besser kennenzulernen hilft uns,

- unsere Selbstwirksamkeit zu entwickeln;
- auch dort Handlungsmöglichkeiten und Wege zu entdecken, wo wir sonst steckenbleiben;
- unser Selbstwertgefühl und den Glauben an das Gute in anderen zu stärken.

Der Entfremdung entgegenwirken

Noch vor nicht allzu langer Zeit war die Arbeit vieler Menschen so gestaltet, dass sie von Anfang bis Ende am Wertschöpfungsprozess eines Produktes beteiligt waren, z. B. als Bauern oder Handwerker. Das war nicht eben effizient, sorgte aber für ein hohes Maß an Identifikation mit dem eigenen Tun. Beginnend mit der industriellen Revolution wurden Arbeitsprozesse immer spezialisierter und kleinteiliger. Auf die Spitze getrieben wurde dieses Prinzip in der Hochphase des sogenannten Taylorismus, in dessen Rahmen Fabrikarbeiter nur noch wenige, immer gleiche Handgriffe ausführen sollten. Sie waren nichts weiter als ein menschliches Rad im Getriebe. Dies führte zu massiven Produktivitätsfortschritten, verstärkte jedoch auch das, was Karl Marx als »Entfremdung von der Arbeit« bezeichnete. Wer nur noch einen kleinen Teil der Wertschöpfung überblickt, kann kein übergreifendes Muster wahrnehmen, sich folglich nicht mit dem großen Ganzen identifizieren. In der heutigen Zeit wird die Arbeitsteilung nicht mehr so extrem gehandhabt wie vor 100 Jahren. Trotzdem sorgen die vielen Divisionen, Funktionsbereiche, Abteilungen, Teams und die schiere Größe mancher Unternehmen dafür, dass nur wenige ausgewählte Menschen das gesamte System überblicken können.

Fokuswechsel: der Blick durch die Kollegenbrille

Dieser grundsätzlichen Problematik ist nur schwer beizukommen, aber Sie können als Führungskraft durchaus Gegenmaßnahmen ergreifen. Ganz gleich, welcher Abteilung Sie zugehörig sind: Es kann helfen, Ihren Mitarbeitern regelmäßig interne Kurzpraktika in anderen Abteilungen Ihres Unternehmens zu ermöglichen. Einige Tage am Stück wären jeweils durchaus wünschenswert, aber wenn es nicht anders machbar ist, kann auch ein Nachmittag bereits hilfreich sein. Ziel solcher Einsätze ist es – abgesehen vom Netzwerkaufbau –, mehr zu lernen über die anderen Bereiche in Bezug auf die:

- grundsätzlichen Abläufe und Ziele,
- Schnittstellen zu anderen Bereichen und der Außenwelt,
- die Werte und Motive der zugehörigen Mitarbeiter.

Es geht hierbei nicht darum, zum Experten für die Aufgaben und Themen der anderen Unternehmensbereiche zu werden. Die Ausdifferenzierung in verschiedene Funktionen und Abteilungen hat durchaus ökonomischen Sinn für Organisationen ab einer gewissen Größe. Zudem haben Menschen nur eine begrenzte Anzahl von Interessen und Stärken – nicht jeder träumt von einer Karriere im Controlling oder der Rechtsabteilung. Doch können solche kurzen Gastspiele Ihre Mitarbeiter dabei unterstützen, ein besseres Gespür für das System, den Organismus, zu entwickeln, in dem sie arbeiten. Das bessere Durchdringen des großen Ganzen ist Ziel der Übung. Nur wer das große Ganze einer Organisation im Fokus hat, kann eine sinnerfüllte Beziehung dazu aufbauen.

Den Kunden (neu) kennenlernen

Mindestens ebenso wichtig wie der ganzheitliche interne Überblick ist allerdings der Blick nach draußen, auf die Kunden, Klienten und Stakeholder der Organisation, für die man arbeitet.

Üblicherweise haben nur wenige Mitarbeiter direkten Kundenkontakt: Vertriebler und all jene Kollegen, die im Falle des Falles dafür sorgen, dass ein Produkt oder eine Dienstleistung beim Kunden vor Ort implementiert wird bzw. dort auch funktioniert. Das ist eine Folge der Arbeitsteilung in modernen Organisationsstrukturen. Zudem wären da noch jene Kollegen, die sich mit Reklamationen und Beschwerdemanagement auseinandersetzen – aber das steht auf einem anderen Blatt. Einem Großteil des Managements, aber beispielsweise auch Mitarbeitern in der Produktion, ist es kaum vergönnt, live zu erleben, wie Kunden mit dem Ergebnis der eigenen Arbeit weiterverfahren oder dies konsumieren. Sie erfahren zu selten, welchen Beitrag ihre Arbeit im Leben anderer Menschen bewirkt – und sind somit erneut ein gutes Stück weit von ihrem eigenen Tun entfremdet. Dabei kann diese Form des Kontakts mit den Begünstigten der eigenen Arbeitsleistung enorme Energien freisetzen.

In einer Reihe von erhellenden Experimenten konnte der Forscher Adam Grant 2012 gemeinsam mit einigen Kollegen aufzeigen, dass selbst ein kurzer Kontakt mit den Profiteuren der eigenen Arbeit dazu führen kann, dass Mitarbeiter über Monate hinweg mit mehr Engagement und Herzblut bei der Sache sind. Dafür brachte Grant beispielsweise Fundraiser, die Spenden für eine Universität einwerben, für nur zehn Minuten mit einem Studenten zusammen, der von der Arbeit der Fundraising-Abteilung in Form eines Stipendiums profitiert hatte. Normalerweise ist dieser Austausch nicht vorgesehen. Jene kurze und kostenlose Intervention sorgte dafür, dass die Fundraiser im Vergleich zu einer Kontrollgruppe ohne solchen Kontakt in den folgenden Wochen rund 45 Prozent mehr Zeit am Telefon verbrachten. Das von ihnen eingeworbene Spendengeld erhöhte sich im Mittel sogar um fast 100 Prozent.

Im Lichte dieser Ergebnisse sollten Sie als Führungskraft verstärkt darüber nachdenken, auch solche Mitarbeiter in Kontakt mit Kunden und Profiteuren der Organisation zu bringen, denen dies sonst nicht vergönnt ist, beispielsweise mit Exkursionen zu Kundenunternehmen. Wo möglich, können Sie sogar über Kurzpraktika bei Kundenunternehmen nachdenken. Ebenso hilfreich können Diskussionsrunden mit Endverbrauchern sein. Dies führt nicht nur zu mehr Engagement aufseiten der Mitarbeiter, sondern kann auch durch ein tieferes Verständnis um die Kundenwünsche zu entscheidenden Verbesserungen der eigenen Produkte oder Dienstleistungen beitragen.

Gutes tun abseits der Arbeit

Zusätzlich kann es, gerade in gewinnorientierten Unternehmen, nützlich sein, wenn der Arbeitgeber Bedingungen schafft (und Mittel bereitstellt), in deren Rahmen sich Mitarbeiter außerhalb der eigenen Rolle aktiv gesellschaftlich engagieren können.

Viele Organisationen betreiben heute eigene Abteilungen für Corporate Social Responsibilty (CSR). Diese spenden dann z.B. regelmäßig Geld für gute Zwecke, die dem Unternehmen wichtig erscheinen. Dagegen ist überhaupt nichts einzuwenden, aber auf einer solchen Ebene bleibt das Tun für das Gros der Mitarbeiter im Abstrakten, selbst, wenn im Nachgang im Intranet darüber berichtet wird.

Hilfreicher für die Erweiterung des Sinnhorizontes ist es, möglichst viele Mitarbeiter aktiv in die Erbringung der entsprechenden Leistungen mit einzubinden. Dies wird im Management-Sprech »Corporate Volunteering« genannt. Die Möglichkeiten sind hier schier unendlich. Einige Beispiele, unterschiedlich in Bezug auf ihren Aufwand und Zeiteinsatz für die betreffenden Personen und Organisatoren, habe ich im Folgenden zusammengetragen.

BEISPIELE: CORPORATE SOCIAL RESPONSIBILITY IM AKTIVEN TUN

Bei meinem früheren Arbeitgeber Bertelsmann haben Mitarbeiter während sogenannter Social Days in Kooperation mit lokalen Unternehmen Klassenzimmer von örtlichen Grundschulen renoviert.

Die Allianz in der Schweiz arbeitet seit vielen Jahren mit dem dortigen Roten Kreuz zusammen. Die Mitarbeiter werden angehalten, regelmäßig Blut zu spenden.

Solche Aktionen werden nicht nur das Sinnerleben der Mitarbeiter erhöhen. Sie stärken auch die Bindungen der Beteiligten untereinander – was letztlich auf den Sinntreiber einzahlt, den ich im nächsten Hauptkapitel näher erläutern werde. Des Weiteren vertieft Corporate Volunteering die Beziehung zwischen einem Unternehmen und den verschiedenen Communities, in die es eingebettet ist.

Der Himmel, das sind die anderen

Kein Mensch ist eine Insel, das gilt auch für den Beruf. In unserer Zeit ist Erfolg nur denkbar, wenn wir gelernt haben, tragfähige Beziehungen aufzubauen und belastbare Netzwerke zu knüpfen – das gilt umso mehr, wenn wir andere führen wollen.

In diesem Kapitel erfahren Sie u. a.,

- was das Reservieren von Liegen mit Unternehmenskultur zu tun hat,
- wie Sie Wertschätzung so transportieren können, dass diese auch ankommt,
- wie Sie ein Wohlfühlklima für Ihre Mitarbeiter und sich selbst schaffen.

Aufwärts- oder Abwärtsspirale?

Der Titel dieses Hauptkapitels ist angelehnt an den Philosophen Jean-Paul Sartre, der einen Protagonisten in seinem Theaterstück »Geschlossene Gesellschaft« sagen lässt: »Die Hölle, das sind die anderen.« Für diesen vielfach zitierten Satz hing Sartre lebenslang der Ruf eines Misanthropen an – so sehr, dass er sich später im Leben öffentlich gegen diese Zuschreibung wehrte. Seine Argumentation: Natürlich können andere Menschen für uns die Hölle sein, wenn die Beziehung zu ihnen dauerhaft misslingt. Doch genauso sind andere Menschen im besten Fall der Himmel für uns – das gilt für die Arbeit nicht viel weniger als für das Privatleben. In diesem Sinne widmet sich dieses Kapitel dem rechten unteren Quadranten der Sinn-Matrix und der Frage, wie sich gute Beziehungen im Arbeitsleben

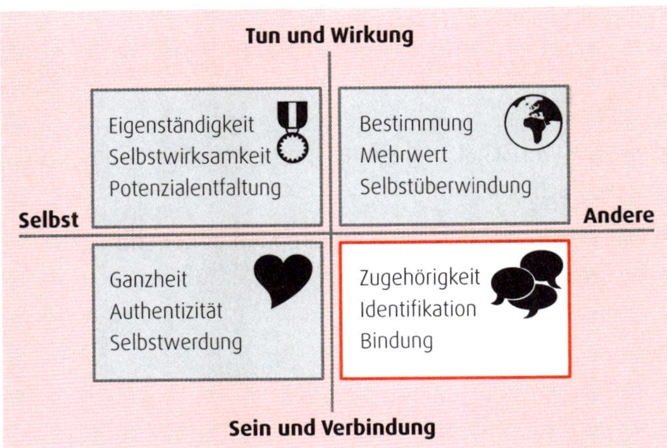

Die Sinn-Matrix: Bindung und Zugehörigkeit

gestalten und fördern lassen: zwischen Ihnen als Führungskraft und Ihren Mitarbeitern, aber auch zwischen den Mitarbeitern – denn auch das ist eine Führungsaufgabe.

Von Handtuchkriegen und Egoismus

Seit wir Kinder haben, verbringen meine Frau und ich unseren Urlaub gerne in einer Ferienanlage im Norden von Ibiza. Wie viele Ferienclubs weltweit hat auch dieser eine Herausforderung: Es gibt zu wenig Liegen für zu viele Gäste. In ökonomische Begrifflichkeiten übersetzt, heißt das: Es herrscht ein Mangel an Ressourcen. Damit stellt sich jeden Morgen die Frage: Liegen reservieren oder nicht? Nach dem Frühstück sind an den kindertauglichen Pools alle Liegen belegt oder mit einem Handtuch reserviert, oft über mehrere Stunden, ohne dass die Besitzer erscheinen. Meine Gattin, zu mehr Anstand erzogen als ich, hat mich mehrfach gebeten, bei dem Spiel nicht mitzumachen. Bei unserem letzten Aufenthalt habe ich mich an allen Tagen bis auf einen daran gehalten – was letztlich dazu führte, dass wir oft keine Liege ergattern konnten, an anderen Tagen nur einzelne Exemplare, sodass sich die Familie auf verschiedene Stellen des Pools aufteilen musste. Das Ganze geschieht übrigens, obwohl überall gut sichtbar Schilder angebracht sind, die das Reservieren von Liegen untersagen. Die Praxis wird allerdings nicht sanktioniert.

Als Psychologe fasziniert mich, was in solchen Situationen sozialpsychologisch und spieltheoretisch vor sich geht. Via Robert

Sutton, Management-Guru an der Stanford Business School, habe ich den folgenden Satz kennengelernt: »Die Kultur einer jeden Organisation wird geprägt durch das schlechteste Verhalten, welches die Führung zu tolerieren bereit ist«. Dahinter steht die Annahme, dass das Verhalten in menschlichen Systemen *unter begrenzten Ressourcen ohne aktive Intervention* vorhersagbar in eine Abwärtsspirale mündet. Es setzen sich also von selbst nicht die menschlichen Tugenden durch, sondern Engstirnigkeit und Egoismus, bestenfalls eine Mentalität à la »Eine Hand wäscht die andere«.

Der springende Punkt: Menschen wollen sich meist nicht egoistisch verhalten. Allerdings sehen sie in Anbetracht begrenzter Ressourcen ihre Felle davonschwimmen. In diesem Sinne reicht es aus, wenn sich zu Beginn einige Wenige nicht an die Regeln halten. Genau diese Personen setzen eine Abwärtsspirale in Gang, wenn ihr Verhalten nicht zeitnah von einer relevanten Instanz unterbunden wird. In manchen Hotels entfernen Mitarbeiter jene Handtücher, die seit Stunden offensichtich nicht genutzt wurden. Bei uns auf Ibiza ist das leider nicht so – und die Handtücher selbst zu entfernen ist mir, wie auch anderen Gästen, zu blöd. Als Folge entscheiden sich praktisch alle Spieler dafür, den eigenen Vorteil zu suchen, obwohl sie ursprünglich vermutlich vorhatten, »anständig« zu sein. Dafür gibt es mindestens zwei Gründe:

- Die Menschen orientieren sich an der Norm, also an dem, was »alle anderen« in der Situation tun. Der vorausgehende Regelbruch legitimiert also den eigenen.

- Die Menschen wähnen sich, nicht ganz zu Unrecht, in einem Nullsummenspiel und entscheiden sich unter Unsicherheit für ihren eigenen Vorteil.

Die Tragik der Situation: Viele brechen die Regeln, aber wirklich schuldig fühlen wird sich niemand: Es gibt ja »gute Gründe«. Und alles beginnt mit einigen wenigen Regelbrechern.

Beziehungen sind Arbeit

Ich erzähle diese Geschichte, um einen wichtigen Punkt deutlich zu machen: Beziehungen gelingen in den wenigsten Fällen von selbst, insbesondere nicht über längere Zeiträume hinweg. Eine Freundschaft, in die mindestens eine der Personen nicht dauerhaft investiert, wird mit großer Wahrscheinlichkeit in die Brüche gehen. Eine Ehe, die nicht von beiden Partnern (auch) als »Beziehungsarbeit« aufgefasst wird, wird mit an Sicherheit grenzender Wahrscheinlichkeit keine goldene Hochzeit feiern können. Ähnliches gilt für die Beziehungen in einem Arbeitsteam, sei es auf Augenhöhe oder zwischen Vorgesetzten und Mitarbeitern.

> Gelungene (oder besser: gelingende) Beziehungen sind eine Folge von Arbeit. Sie sind kein eingeschwungener Zustand, sondern benötigen eine *kontinuierliche* Investition.

In Beziehung sein und arbeiten

Wenn man die vielen Studien zur Frage, was Menschen im Leben an sich oder auch im Arbeitsleben glücklich macht, eingehend auf kritische Faktoren hin untersucht, ergibt sich ein konstantes Muster: Gelingende Beziehungen sind der Zufriedenheitstreiber Nummer eins. Das ist nicht weiter verwunderlich. Das Bedürfnis nach Bindung und Zugehörigkeit ist das erste und vermutlich stärkste Motiv, was (normale) Menschen über den Lebensverlauf antreibt. Folglich verstehen auch immer mehr Management-Forscher, dass Menschen in Organisationen nicht einfach Teams bilden und dann auf gemeinsame Ziele hinarbeiten, sondern dass hier deutlich tiefere Bindungen entstehen können. Mittlerweile sprechen einige Forscher von gelingenden Beziehungen auf der Arbeit als einer Form von Liebe: Sigal Barsade und Olivia O'Neill verwendeten in ihrem Artikel in dem einflussreichen Magazin »Administrative Science Quarterly« von 2014 beispielsweise den Begriff »Companionate Love«: kameradschaftliche Liebe. Doch auch außerhalb der akademischen Forschung zeichnet sich ein Sinneswandel ab.

Für eine Studie namens »Decoding Global Talent« hat die Unternehmensberatung Boston Consulting Group im Jahr 2014 rund 200.000 Menschen aus 189 Ländern folgende Frage gestellt: »Was macht Sie glücklich bei der Arbeit?« Die Antworten integrierte man in 26 Treiber des Arbeitsglücks. Darunter befinden sich Aspekte wie eine angemessene Vergütung, Jobsicherheit oder attraktive Entwicklungsmöglichkeiten. Unter die häufigsten Nennungen haben es diese Dimensionen jedoch nicht geschafft. Die Top 4 sind andere:

1. Wertschätzung für meine Arbeit
2. Gute Beziehung zu meinen Kollegen
3. Gute Work-Life-Balance
4. Gute Beziehung zu meinem Vorgesetzten

Bei näherer Betrachtung haben diese Punkte etwas gemeinsam: Es geht direkt oder indirekt um Beziehungsqualität. Zwar können wir uns auch selbst wertschätzen, aber in der Regel wünschen wir uns, diese Art der Zuneigung von anderen Menschen zu erfahren. Der zweite Punkt ist selbsterklärend. Das Konzept der Work-Life-Balance wiederum ist vielfältig; ein Aspekt davon: Meine Arbeit ermöglicht es mir, eine gute Beziehung zu jenen Menschen zu pflegen, mit denen ich nicht arbeite, sprich: mit Freunden und der Familie. Der vierte Punkt ist wieder selbsterklärend, wobei es eine starke Verbindung zwischen dem ersten und dem letztgenannten Aspekt gibt. Am Ende des Tages steht und fällt einfach sehr viel mit den Menschen, mit denen bzw. für die wir arbeiten.

Wertschätzung: Schön, dass du da bist!

Wie ich bereits zuvor erwähnt habe, erhielt ich im Rahmen meiner früheren Führungsrolle regelmäßig Aufwärtsfeedback. Ein Punkt, der in diesen Gesprächen bisweilen beanstandet wurde, war das Thema Wertschätzung. Meine Mitarbeiter wollten gerne mehr und punktgenauer gelobt (und übrigens auch: konstruktiv kritisiert) werden. Wie fast immer hatten sie damit recht, auch wenn ich mich von dieser Rückmeldung durchaus getroffen fühlte, denn mein Anspruch an mich war natürlich ein anderer.

Nachdem ich zum ersten Mal unmissverständlich mit dieser Kritik konfrontiert wurde, führte ich mit jedem Mitarbeiter ein Einzelgespräch. Ausgangspunkt war folgende Frage: »Wie müsste ich dich genau loben, damit dieses Lob auch wirklich bei dir ankommt?« Diese Frage ist abgeleitet aus meiner Tätigkeit als Coach, wo es auch regelmäßig darum geht, zunächst das Weltbild und die darauf fußenden Grundannahmen des Gegenübers detailliert zu verstehen. Wir haben die Neigung, von unseren eigenen Bedürfnissen auf die Wünsche anderer Menschen zu schließen. Das ist normal, aber nur begrenzt hilfreich. Ergo: Führungskräfte müssen nach und nach lernen, welche Form der Wertschätzung bei den verschiedenen Mitarbeitern ankommt.

BEISPIELE

Die junge Kollegin freut sich vielleicht über ein kurzes, aber regelmäßiges »Daumen hoch« auf WhatsApp, während der altgediente Kollege eventuell möchte, dass sein Beitrag nur ab und zu, aber dafür im Beisein der Kollegen hervorgehoben wird.

Flipchart-Feedback

Ein Werkzeug, um mehr Wertschätzung, aber auch allgemein Ideen und Feedback in einer Teamumgebung sichtbar zu machen, funktioniert nach dem folgenden Schema. Dafür stellen

Sie, für alle gut sichtbar (zum Beispiel am Eingang der Kaffeeküche) ein Flipchart auf. Es wird mit vier vorgegebenen Kategorien beschriftet. Zusätzlich sollten einige Materialien bereitliegen, vor allem Flipchart-Marker und Klebezettel.

Flipchart als Tool für Wertschätzung und Feedback

- Im *oberen linken* Feld können die Mitarbeiter (und natürlich auch Sie als Führungskraft) Dinge vermerken, die gut gelaufen sind, auf die sie stolz sind etc. Dies entspricht dem im Kapitel »Feedback als Sinnesorgan« eingeführten WWW-Prinzip.
- Der *rechte obere* Quadrant ist reserviert für Kritik: Aspekte der Arbeit, die nicht gut gelaufen sind, Prozesse, die aktuell nicht gut funktionieren usw. Oft tragen Mitarbeiter solche Ge-

danken länger mit sich herum, ohne einen passenden Kommunikationsmodus dafür zu finden. Hier sind diese Gedanken gut platziert – und es ist sichergestellt, dass sie auch aufgenommen werden.

- Der *linke untere* Quadrant ist ein Ort für Wertschätzung. Hier können Sie Mitarbeiter (bzw. diese sich gegenseitig) öffentlich loben, sich bedanken, gemeinsame Erfolg feiern. Dieser Aspekt ist besonders wichtig. In deutschen Unternehmen herrscht vielerorts leider immer noch das Prinzip »Nicht geschimpft ist Lob genug«.
- Der *rechte untere* Quadrant schließlich ist ein Ideenspeicher. Hier können die Mitarbeiter Geistesblitze festhalten, die ansonsten im Arbeitsalltag verloren gehen. Andere können diese Ideen aufgreifen, kommentieren, weiterspinnen. Das Ganze geht in Richtung betriebliches Vorschlagswesen, nur eben öffentlich und interaktiv.

Klar ist: Sie als Vorgesetzter müssen hier mit gutem Beispiel vorangehen und die »lokale Norm« setzen, dass es gut und gewünscht ist, dieses Werkzeug zu nutzen. Vor allem aber sollten Sie sehr regelmäßig auf die Eingaben Ihrer Mitarbeiter reagieren, deren Anregungen aufnehmen usw. Selbstverständlich können Sie auch Felder mit zusätzlichem Inhalt auf einem solchen Chart definieren. Die Erfahrung zeigt allerdings, dass die hier vier vorgestellten Quadranten besonders zentral für das gute Zusammenwirken von Teams sind.

Die ganz eigene Sprache für Wertschätzung finden

Damals entschied ich mich, mir noch zusätzliche Unterstützung für mein Feedback an meine Mitarbeiter zu holen. Ich bestellte Lobkärtchen, auf denen vorne Wörter wie »Perfekt« oder »Hervorragend« stehen. Ergänzend trägt man darauf händisch ein, wem man diese Karte überreicht. Auf der Rückseite vermerkt man außerdem mit Datum, für welchen Beitrag die Karte vergeben wurde. Kurz: Die Karte wird personalisiert. Ich gestehe freimütig, dass es ein paar Wochen gedauert hat, bis ich mich traute, die ersten Karten zu überreichen. Die Reaktionen waren jedoch ermutigend: Über die Zeit entwickelten sich die Karten, immer mit einem Augenzwinkern, zu einer gesonderten Währung. Einige Mitarbeiter klebten die Kärtchen an ihre Bürowand oder den Bildschirm. Bisweilen wurde auch eine Karte eingefordert, wenn ich eine gute Leistung noch nicht ausreichend gewürdigt hatte. Mir ist klar, dass diese Karten nur eine Krücke waren, aber sie lagen immer auf meinem Schreibtisch in meinem Blickfeld und erinnerten mich an meinen Job als sinnstiftende Führungskraft. Als ich das Unternehmen verließ, übergab ich die restlichen Karten an mein Team. Sie sollten sich fortan gegenseitig loben.

Es liegt im Bereich des Möglichen, dass Sie ein solches Vorgehen als unpassend für Ihren persönlichen Arbeitskontext empfinden. Möglicherweise ist es zu verspielt, vielleicht widerspricht es der vorherrschenden Unternehmenskultur. Wenn dem so ist: völlig okay! Es geht mir nicht darum, dass Sie tun, was ich getan habe. Ich bitte Sie lediglich zu beachten, dass das Prinzip »One

Size fits All« nicht zur Wertschätzung passt. Es geht darum, mit den Menschen, die Sie führen, eine individuelle Sprache entwickeln. Das ist ein atmendes Projekt; es entwickelt sich weiter, so wie auch die Menschen sich entwickeln. Dies zu erspüren, um Ihre Kommunikation entsprechend anzupassen, ist eine originäre und im höchsten Maße sinnstiftende Führungsaufgabe.

> Jede Führungskraft muss gemeinsam mit dem Team einen »lokalen Dialekt für Wertschätzung« entwickeln.

Ein bisschen Respekt, bitte

Eine wesentliche Vorbedingung für Wertschätzung ist Respekt. Genauer gesagt ist ohne Respekt alles nichts – auch in Organisationen. Die Forscher Kristie Rogers und Blake Ashforth beschreiben in einer Arbeit aus dem Jahr 2017, dass es in Organisationen zwei relevante Arten von Respekt gibt. Die erste Variante nennen sie im Englischen »Owed Respect« (geschuldeter Respekt). Die zweite Kategorie haben sie »Earned Respect« (verdienter Respekt) getauft.

- **Geschuldeter Respekt** bezeichnet ein Konzept, dass nah mit der Idee der Würde verwandt ist. Menschen, die Teil einer Organisation sind, haben das Recht darauf, von *allen* Mitgliedern der Organisation mit Anstand behandelt zu werden, einfach, weil sie da sind. Im Kern geht es hier um Inklusion und Zugehörigkeit.
- **Verdienter Respekt** wird in erster Linie solchen Mitarbeitern gezollt, die sich um eine Organisation besonders verdient ge-

macht haben, die einen außergewöhnlich hohen Beitrag zum Erfolg des Gesamtsystems leisten.

Im Sinne einer motivierenden Unternehmenskultur ist es ratsam, beide Formen des Respekts sorgsam auszubalancieren. Während es ohne ein gesundes Maß an geschuldetem Respekt kein Miteinander geben kann, führt die Überbetonung dieser Form des Respekts langfristig unter Umständen zu einer gewissen organisationalen Trägheit. Die Überbetonung der verdienten Variante hingegen führt auf Dauer mit einiger Wahrscheinlichkeit zu einer potenziell zerstörerischen Kultur der Konkurrenz.

Während es den meisten Führungskräften tendenziell leichtfällt, verdienten Respekt zu transportieren, gilt das nicht im gleichen Maße für geschuldeten Respekt. Der Schlüssel liegt darin, die Achtung für die Leistung der Person von der Achtung für die Person selbst zu trennen. Wenn wir als Führungskräfte unsere Mitarbeiter vorrangig für deren Leistung wertschätzen, wird dieser Faktor ein Mittel der Instrumentalisierung. Das ist der normale Duktus in der Wirtschaft und auch besser, als gar keine Anerkennung zu zollen. Wir können jedoch lernen, den Menschen unabhängig von seiner Leistung wertzuschätzen, in seinen Besonderheiten zu akzeptieren und zu achten, unabhängig davon, was dieser gerade leistet. Bei manchen Menschen fällt uns das leichter als bei anderen – das liegt in der Natur der Sache.

Aktiv-konstruktives Reagieren – einfache Methode, sperriger Name

Im Folgenden möchte ich Ihnen ein Werkzeug vorstellen, welches Sie dabei unterstützt, mehr Respekt und Wertschätzung im Alltag zu transportieren. Wir alle kennen, zumindest aus Filmen, folgende Frage: »Wirst du für mich da sein, wenn es schlecht läuft?« Die Psychologie-Professorin Shelly Gable ist davon überzeugt, dass die gegenteilige Frage ebenso wichtig ist: »Wirst du für mich da sein, wenn es gut läuft?« Gable geht es dabei um die Frage, wie wir reagieren, wenn Menschen etwas Positives mit uns teilen, zum Beispiel die Nachricht über den erfolgreichen Abschluss eines Projektes oder einen gewonnenen Kunden. Gable identifiziert vier mögliche Reaktionsmuster in solchen Situationen:

- aktiv-destruktives Reagieren,
- passiv-destruktives Reagieren,
- passiv-konstruktives Reagieren,
- aktiv-konstruktives Reagieren.

Im ersten Fall reagieren Menschen mit der Entwertung der Information bzw. des Gesprächspartners. Dies kommt in Reinform selten vor, es beschreibt »fortgeschritten arschiges« Verhalten.

Häufiger finden sich das zweite und das dritte Muster. Eine passiv-destruktive Reaktion kennzeichnet sich dadurch, dass man die Information ignoriert und das Gespräch auf ein anderes Thema umlenkt – meist auf ein eigenes Erfolgserlebnis.

Im dritten Fall (passiv-konstruktiv) nimmt man die positive Information wohlwollend zur Kenntnis, lässt die enthaltene Energie aber dann ins Leere laufen. Es handelt sich um das verbale Äquivalent eines »Daumen hoch« auf Facebook. Dies ist eine häufige Reaktion von Führungskräften – und auch von Eltern. Wir registrieren das Positive, nehmen uns dann aber nicht genug Zeit, es hinreichend zu würdigen. Die Aufmerksamkeit geht schnell wieder dorthin, wo sie vermeintlich dringender gebraucht wird.

Aktiv-konstruktives Reagieren beschreibt einen vierten Weg: Wir belassen bewusst das Scheinwerferlicht auf unserem Gesprächspartner und geben ihm die Gelegenheit, ganz bei der positiven Energie des Erlebnisses zu verbleiben. Am effektivsten funktioniert das durch offene Fragen, die dem anderen die Möglichkeit geben, die Erfolgsgeschichte weiterzuspinnen:

- Cool! Was war denn das Beste an …?
- Wie hast du das denn konkret hinbekommen?

Auf diese Weise gibt man Menschen die Möglichkeit, sich im Lichte des eigenen Erfolgs zu sonnen. Zudem räumt man ihnen die Chance ein, dass sie dabei etwas über sich selbst lernen, beispielsweise ein tieferes Verständnis um die eigenen Stärken entwickeln. Gerade die Frage nach dem Besten hat es in sich. Sie impliziert, dass es so etwas wie das Beste gibt, und lädt das Gegenüber aktiv ein, danach zu suchen.

Führungskräfte als Energie-Broker

Auf Websites von Unternehmen finden sich häufig Sätze wie: »Unsere Mitarbeiter sind unser höchstes Gut.« Eine solche Aussage soll zeigen, dass den Inhabern oder der Geschäftsführung das Wohl der Mitarbeiter am Herzen liegt – und dass »der Mensch den Unterschied macht«. Ich bin nicht so zynisch anzunehmen, dass dies immer eine inhaltsleere Floskel ist. Ich bin allerdings auch nicht so naiv anzunehmen, dass solche Aussagen überall gleichermaßen mit Leben gefüllt werden. Der springende Punkt: Am Ende des Tages sind solche Sätze organisationspsychologisch betrachtet recht belanglos. Eine Organisation kann außergewöhnlich talentierte Menschen an Bord haben, doch wenn diese nicht auch außergewöhnlich gut kooperieren, bleibt die Effektivität letztlich hinter den Möglichkeiten zurück. Viel besser ist es deshalb, wenn ein Unternehmen schreiben kann: *»Die Beziehungen zwischen unseren Mitarbeitern* sind unser höchstes Gut.«

Was ist das überhaupt – eine Organisation? Je nachdem, wen man fragt, bekommt man verschiedene Antworten. Eine mögliche Antwort ist: Eine Organisation ist ein Strom von sogenannten Mikro-Momenten, kurzen oder längeren Interaktionen zwischen Menschen, Begegnungen zwischen Kollegen, aber auch zwischen Mitarbeitenden und Kunden des Unternehmens. Jede dieser Begegnungen ist eine Möglichkeit, den energetischen Zustand der Organisation zu verändern. Doch welche Form von Energie ist hier gemeint? Ich bin sicher, Sie kennen das Gefühl, vor Hunger kaum noch denken zu können. Führen Sie sich dann

Energie in Form von Kohlenhydraten zu, ist das Problem innerhalb einer halben Stunde gegessen. Gleichermaßen kennen Sie sicherlich den Zustand vollständiger Ermüdung, der sich durch eine Nacht ungestörten Schlafs in Wohlgefallen auflöst.

Relationale Energie: Motivation aus Beziehungen

Relationale Energie ist eine weitere Form von Energie, die jeder von uns kennt. Sie ist flüchtiger als die Energie in einer Dönertasche, aber trotzdem immer erfahrbar. Sie bezeichnet jene Form von motivationaler Kraft, die durch zwischenmenschlichen Kontakt generiert, aber auch gedämpft oder gänzlich vernichtet werden kann.

Stellen Sie sich bitte Folgendes vor: Sie haben den ganzen Nachmittag über einem Problem gebrütet, durch dessen Lösung Sie einem wichtigen Kunden weiterhelfen möchten – leider ohne Erfolg. Hungrig und etwas genervt bereiten Sie sich auf den Heimweg vor. Als Sie gerade den Rechner runterfahren wollen, öffnet eine Kollegin die Bürotür und sagt: »Ich weiß, wie wir deinem Kunden helfen können.« »Erzähl mir mehr!«, hören Sie sich sagen. Sie verbringen noch eine halbe Stunde mit angeregter Konversation, schreiben dem Kunden, dass Sie sich morgen melden und gehen schließlich leichtfüßig in den Feierabend. Hier wurde Energie aus dem Nichts erzeugt, aus einer Begegnung zwischen Menschen. Gleichzeitig ist klar, dass ein Teil dieser Energie den Moment überdauern wird. Beide Gesprächspartner werden etwas davon mit nach Hause zu ihren

Familien nehmen. Und auch die Kollegen und der Kunde werden am nächsten Tag etwas davon bemerken.

Die Übertragung von Energie zwischen Menschen zeigt sich in ganz normalen Momenten: im Plausch auf dem Flur, im Schwatz am Kopierer, im Meeting am Morgen. Es lässt sich empirisch nachweisen, dass manche Menschen recht stabil positive Energie ins organisationale Netzwerk einspeisen, während andere selbigen beständig den Saft abdrehen. Das glauben Sie nicht? Nehmen Sie sich eine Minute Zeit und gehen Sie im Geiste einige Menschen durch, mit denen Sie regelmäßig zusammenarbeiten. Welche der folgenden Aussagen trifft auf wen zu? Nach einer Begegnung mit … fühle ich mich typischerweise

- ein Stück weit erschöpft,
- ein Stück weit energetisiert,
- im Grunde unverändert.

Sie haben gerade intuitiv erfasst, wie es um die Generierung von relationaler Energie zwischen Ihnen und den Kollegen bestellt ist. Gewichtig wird es dort, wo man eine Reihe von Menschen befragt, wer ihnen regelmäßig Energie raubt oder spendet – und im Ergebnis mehr oder weniger alle Befragten mit dem Finger auf die gleichen Personen zeigen. Diese Einschätzung kann einen Hinweis auf den Zustand verschiedener Abteilungen in einer Organisation geben.

Der springende Punkt: Studien zeigen, dass der Level an relationaler Energie insbesondere von Führungskräften eng mit der zukünftigen Leistung der Mitarbeiter verknüpft ist. Es ist hier wie bei einem Akku: Führungskräfte können den Akku ihrer Mitarbeitenden aufladen bzw. auch dafür Sorge tragen, dass die Kollegen sich gegenseitig energetisieren. Genauso liegt es allerdings auch in ihrer Macht, die Akkus der Menschen um sie herum zu entleeren. Je höher die Führungskraft in der Hierarchie steht, desto größer ist auch der Bereich des organisationalen Netzwerks, der geladen bzw. entladen werden kann.

> Führungskräfte fungieren als »Energie-Broker« in der Organisation – ob sie wollen oder nicht.

Der Reziprozitätsring, oder: Warum gegenseitige Unterstützung so ungemein wichtig ist

Das hier vorgestellte Werkzeug mit dem komplizierten Namen »Reziprozitätsring« wurde geschaffen, um den Level an positiver relationaler Energie in einer Organisation zu erhöhen. Zudem kann es dazu dienen, konkrete Probleme Ihrer Mitarbeiter zu lösen und das organisationale Netzwerk dauerhaft mit erfolgskritischen Ressourcen anzureichern. Es wurde an der University of Michigan entwickelt, im Umfeld des Soziologie-Professors Wayne Baker. Einer breiteren Öffentlichkeit bekannt wurde das Tool durch den Management-Bestseller »Give and Take« von Adam Grant, seines Zeichens Professor für Organisationspsychologie an der Wharton School of Business in Philadelphia.

> Reziprozität bezeichnet hier vereinfacht gesagt den Ausgleich von Geben und Nehmen. Ergo: Wir wollen uns erkenntlich zeigen, wenn uns jemand etwas Gutes getan hat. Ebenso erwarten wir jedoch auch, dass andere Menschen sich erkenntlich zeigen, wenn wir ihnen geholfen haben.

In der Übung geht es um ein moderiertes Meeting, für das eine Gruppe von Menschen – idealerweise sind es etwa 15 bis 20 Personen – unter folgender Prämisse zusammenkommt: Alle Anwesenden müssen reihum einen Wunsch äußern, so beispielsweise den Wunsch, den schwer beschaffbaren Kontakt zu einem potenziellen Kunden herzustellen. Die übrigen Teilnehmenden sind nun angehalten, intensiv zu überlegen, wie sie in dieser Angelegenheit behilflich sein können. Wer eine Idee hat, skizziert seinen Vorschlag kurz vor der gesamten Gruppe und vermerkt diesen anschließend auf einer Karteikarte mit dem Namen der Person, der geholfen werden soll – und, wenn möglich, mit einer Lösungsoption. Im Beispiel könnte das ein konkreter Kontakt sein. Alle Ideen werden an einer Pinnwand gesammelt. Jeder nimmt nach dem Meeting seine zugehörigen Karten mit und ist für die aktive Nachverfolgung selbst verantwortlich.

Ziel ist es, dass jeder Beteiligte mit mindestens drei Ansätzen zur Unterstützung des eigenen Anliegens aus dem Meeting geht. Denn genau damit erweitert man die Ressourcen im Netzwerk. Auf der Metaebene stärkt dieser Ansatz wichtige kulturelle Vorannahmen in der Organisation. So vor allem den Aspekt, dass es okay ist, um Unterstützung zu bitten. Und auch, dass die Kollegen bereit sind, anderen freimütig zu helfen.

Es kann hilfreich sein, einen solchen Zirkel regelmäßig, beispielsweise einmal im Quartal, in wechselnder Zusammensetzung durchzuführen. Mittlerweile gibt es auch Online-Tools, um einer größeren Gruppe von Menschen die Teilnahme zu ermöglichen und auch räumliche Distanz zu überwinden.

Qualität zahlt sich aus – auch in Beziehungen

Jane Dutton, Professorin an der Ross School of Business in Ann Arbor, Michigan, spricht im Kontext gelingender Beziehungen von »High-Quality Connections« (HQC), also hochqualitativen Verbindungen. Sie bezeichnet damit kurze (und potenziell wiederkehrende) Momente des Verbundenseins, die sich für die beteiligten Menschen gut anfühlen und zudem positive Konsequenzen zeitigen – sowohl für die Personen selbst wie auch für die Organisation, in welcher diese Menschen arbeiten. Ich betone den Aspekt der Kurzzeitigkeit, um darauf hinzuweisen, dass es nicht um positive Beziehungen im üblichen Sprachgebrauch geht. Wir können diese temporäre Form der Verbindung auch mit Menschen erleben, die wir nicht sonderlich mögen – indem wir bewusst darauf hinarbeiten.

HQCs zeichnen sich im Erleben durch drei Merkmale aus:

- ein Gefühl von Vitalität und Energie im Kontakt,
- Achtung und Respekt im Geben und Nehmen,
- ein erhöhtes Maß an Verbundenheit und Vertrauen.

HQCs sind ein wertvoller Rohstoff für erfolgreiche Organisationen, denn sie haben im Vergleich zu oberflächlichem menschlichem Kontakt folgende Vorteile:

- Sie (ver-)tragen mehr Emotionalität und fühlen sich authentischer für die Beteiligten an.
- Sie sind resilienter (ergo: dehnbarer), belastbarer im Angesicht von inneren und äußeren Störungen.
- Sie weisen eine höhere Konnektivität auf, d.h., es existiert ein größeres Maß an Bereitschaft, sich von neuen Gedanken berühren zu lassen.

HQCs lassen sich aktiv initiieren – unabhängig davon, wie es um den allgemeinen Status einer Beziehung steht. Dazu muss mindestens einer der Partner in Vorleistung gehen. Es lassen sich vier Klassen von Verhaltensweisen beschreiben, die dem Entstehen von HQCs dienlich sind.

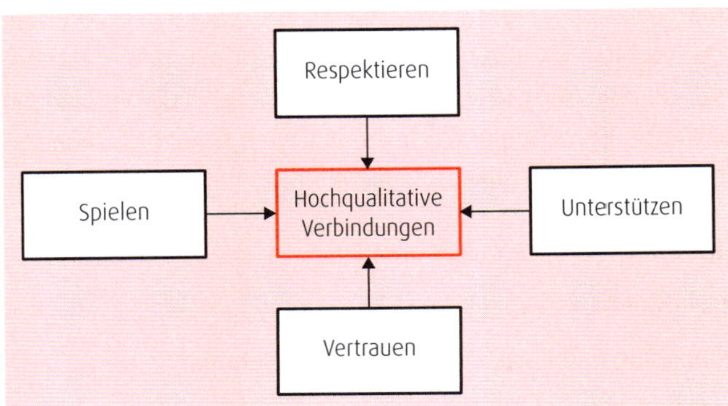

Die Treiber von hochqualitativen Verbindungen

- **Respekt:** Selbst, wenn uns jemand bisher keinen Grund dazu gegeben hat, können wir uns doch entschließen, ihm bei der nächsten Begegnung mit mehr Achtung, mit einem erhöhten Maß an Respekt gegenüberzutreten.
- **Vertrauen:** Auch wenn es um Vertrauen geht, können wir uns entscheiden, bewusst in Vorleistung zu gehen – darin liegt ja letztlich auch die Natur des Vertrauens.
- **Spiel:** Ebenso ist es denkbar, spielerische Elemente in eine Beziehung mit einfließen zu lassen. Gerade, wenn »es ernst wird«, kann es enorm hilfreich sein, die Situation, andere, aber vor allem sich selbst nicht so ernst zu nehmen.
- **Unterstützung:** Das vermutlich mächtigste Werkzeug zur Initiierung von HQCs ist die aufgabenbezogene Unterstützung, im Englischen »Task Enabling« genannt. Wenn wir Kollegen freimütig bei ihren alltäglichen Aufgaben unterstützen (auch über den unmittelbaren Eigennutzen hinaus), stärkt das die Beziehungsqualität auf Basis des Prinzips der Reziprozität, das Sie bereits im Abschnitt zuvor kennengelernt haben. Der Volksmund weiß: Kleine Geschenke erhalten die Freundschaft. Vor diesem Hintergrund dürfte es Ihnen noch deutlicher werden, welch nachhaltig positive Wirkung die regelmäßige Durchführung eines Reziprozitätsrings haben kann.

> Beziehungen sind niemals unwiderruflich festgefahren. Wir können uns jederzeit entschließen, ein Stück weit in Vorleistung zu gehen. Wir können aktiv ein wenig mehr respektieren, vertrauen, ein bisschen mehr als die 50 Prozent des notwendigen Weges gehen.

Teambuilding: ohne Netz und doppelten Boden

So manch einer kann sicher Horrorgeschichten erzählen von Teambuilding-Maßnahmen. Da geht man quasi ohne Anwärmphase – und ohne Berücksichtigung der Tatsache, dass ein erklecklicher Teil der Menschheit unter Höhenangst leidet – in den Kletterpark und verlangt ausgerechnet von den Kollegen, die sich am wenigsten abkönnen, sich gegenseitig in luftiger Höhe zu sichern. So etwas passt ins Reality-TV, aber nicht in das wahre Leben: Es handelt sich in mehrfacher Hinsicht um eine üble Zumutung. Gut gemeint ist auch hier nicht zwingend gut gemacht.

Bevor Sie also über die Kletterwand, die Wildwasserkanufahrt oder den Escape Room mit Horror-Elementen nachdenken (Achtung: Alle drei triggern potenziell menschliche Urängste!), schlage ich Ihnen etwas deutlich Einfacheres vor: Gehen Sie mindestens zweimal im Jahr mit Ihrem Team zum Abendessen, außer der Reihe und ganz ohne Agenda.

> Das hochnotoffizielle Weihnachtsessen und ähnliche Anlässe zähle ich hier bewusst nicht dazu.

Solche Abende sind eine erstklassige Gelegenheit, sich auf einer persönlichen Ebene zu begegnen, abseits der beruflichen Rollen, abseits der professionellen Persona. An solchen Abenden kann man sich als Mensch kennenlernen: als Sohn und Tochter von jemandem, Ehemann oder -frau, als Vater oder

Mutter, Hunde- oder Katzenliebhaber, als Schlagerfan oder Heavy-Metal-Freak. Dieser Blick hinter die Kulissen, vor allem, wenn er regelmäßig wiederholt wird, schafft im besten Fall eine tiefere Ebene des Vertrauens unter den Menschen, berührt einen Teil in uns, der in der meist etwas sterilen Arbeitsumgebung zu selten angesprochen wird. An solchen Abenden werden bisweilen, manchmal beim zweiten Glas Wein, bei einem tiefen Blick in die Augen, Spannungen begraben, die ein Team über Monate durcheinandergebracht haben. Sie sind wirksam.

Abseits solcher informellen Begegnungen habe ich über die Jahre kurze, knackige Offsites schätzen gelernt, idealerweise mit einem erfahrenen organisationsexternen Moderator (Zeitrahmen: maximal ein Tag). Ziel solcher Veranstaltungen ist es, einmal gemeinsam im Team den Kopf hochzunehmen, die Zeit einzufrieren, von außen auf das gemeinsame Arbeiten zu schauen. Typische Fragestellungen für solch einen Tag sind:

- Verstehen alle die übergreifenden Ziele und deren jeweilige Priorität? Wie stehen diese Ziele in Relation zu den übergeordneten Zielen der gesamten Organisation?
- Korrespondiert die Aufteilung der Ressourcen (Budget, Mitarbeiter, Zeitinvestition) noch mit diesen Zielen?
- Besteht allseitige Rollenklarheit? Weiß im Zweifel jeder, was der andere im Falle des Falles tut – und auch seinlässt?
- Wo liegen die wichtigsten Schnittstellen zwischen verschiedenen Funktionsträgern? Wird Arbeit unnötig doppelt geleistet? Falls ja, wo und wann? Wo fallen gewohnheitsmäßig Themen

durchs Raster, weil bislang keine entsprechenden Strukturen und/oder Verantwortlichkeiten ausgebildet wurden?

Eine regelmäßige, bewusste Klärung von Zielen, Rollen und Aufgaben ist – neben dem ebenso regelmäßigen informellen Austausch – das A&O eines funktionierenden Teams Und dann können Sie ja immer noch klettern gehen …

Die Bindung an das System festigen

Beim rechten unteren Quadranten der Sinn-Matrix geht es nicht nur um die Beziehung zwischen den Menschen. Nicht so vordergründig, aber ebenso wichtig ist in diesem Zusammenhang auch die Zugehörigkeit des Individuums zum »System«. Ein wesentlicher Faktor ist hier die Passung zwischen den Wertvorstellungen des Individuums und jenen Wertvorstellungen und Motiven, die eine Organisation von ihren Mitarbeitern einfordert. Wenn sie nicht ausreichend in Deckung gebracht werden können, ist dies ein veritabler »Sinnkiller« für viele Personen, der nicht selten zu einer zeitnahen Kündigung führt. Leider ist das einer jener Punkte, auf den Sie als Führungskraft nur wenig Einfluss haben – zumindest, wenn Sie nicht dem Topmanagement Ihrer Organisation angehören oder Eigentümer sind. So lange eine klare Hierarchie besteht, ist es unterhalb dieser Ebene erfahrungsgemäß ausnehmend schwierig, grundlegend am Wertegerüst einer Organisation zu feilen.

Welche Chance haben Sie dennoch, als Führungskraft an diesem Punkt positiv auf ihre Mitarbeiter einzuwirken? Das wichtigste Prinzip lautet an dieser Stelle: »Walk the Talk!« Sie können von anderen nur einfordern, was Sie auch selbst zu geben bereit sind. Wenn Sie selbst nicht gewillt sind, die Werte und Richtmaße Ihrer Organisation glaubwürdig vorzuleben, werden Ihre Mitarbeiter Sie mit der Zeit als unglaubwürdig, wenig authentisch und möglicherweise zynisch wahrnehmen. Damit befeuern Sie die wahrgenommene Entfremdung von der Organisation im Grunde noch mehr. Was aber tun, wenn Sie als Führungskraft selbst nicht uneingeschränkt hinter allen Wertvorstellungen und gelebten Praktiken Ihres Unternehmens stehen?

Ein lokales Mikroklima kreieren

Es ist schlichtweg sehr unwahrscheinlich, dass sich Menschen über einen langen Zeitraum voll mit ihrer Organisation identifizieren. Wer neu in ein Unternehmen eintritt, erlebt in den ersten Monaten oft eine Honeymoon-Phase, bevor dann irgendwann unweigerlich die ersten Risse und Brüche zutage treten. Dies ist insbesondere für die Führungskräfte eine herausfordernde Situation, wird doch – wie zuvor angedeutet – gerade von ihnen erwartet, die Fahne hochzuhalten und als Champions der Unternehmenskultur zu agieren. Sie haben jedoch immer die Möglichkeit, mit Ihren Mitarbeitern das zu kreieren, was man ein »lokales Mikroklima« nennen kann. So wie es überall auf der Welt kleine Fleckchen Erde gibt, die sich klimatisch ein gutes Stück weit von der näheren Umgebung unterscheiden, so gibt es auch in Organisationen bestimmte Teilsysteme, die zwar eindeutig dazugehören und vom Gesamtsystem akzeptiert werden, sich aber – und wenn auch nur in der Binnenwahrnehmung – positiv vom Rest abheben.

Das bedeutet: Selbst, wenn beispielsweise in Ihrer Organisation insgesamt ein recht rauer Umgangston herrscht, oder es als Prinzip guter Führung angesehen wird, mit harter Hand zu regieren – dann können Sie trotzdem entscheiden, dies in Ihrer unmittelbaren Umgebung bewusst anders zu handhaben. Sie können sich entschließen, andere Praktiken vorzuleben (und einzufordern), in denen andere Werte zum Ausdruck gebracht werden. Die Organisation wird darauf möglicherweise ein Stück weit »allergisch« reagieren. Es wird sicherlich komische Blicke und bisweilen Gerede geben. Solange Sie jedoch als Führungskraft mit Ihrem Team die eingeforderten Leistungen erbringen und das »abweichende Verhalten« selbstbewusst und authentisch an den Tag legen, werden Ihnen daraus keine Nachteile erwachsen. Im Gegenteil: Viele werden Sie, wenn auch im Stillen, bewundern oder wenigstens beneiden.

> Sie haben als Führungskraft jederzeit die Möglichkeit, angenehm anders als alle anderen zu sein – und trotzdem »ein guter Teamplayer« aus dem Blickwinkel des großen Ganzen zu sein.

Den Neuen einen Buddy an die Seite stellen

Die meisten Unternehmen ab einer gewissen Größe haben mehr oder weniger explizite Onboarding-Prozesse implementiert. Diese sind notwendig, damit ein neuer Kollege in puncto

Performance rasch »auf Flughöhe kommt« – aber auch, damit dieser sich schnell und möglichst nachhaltig wohlfühlt, sich vor allem als zugehörig empfindet.

Ein »Buddy«, der einem neuen Mitarbeiter informell für die ersten Monate zur Seite gestellt wird, kann einen solchen Prozess entscheidend verbessern. Eine solche Person sollte in Bezug auf die Zugehörigkeit zum System einen gewissen Vorsprung haben, aber nicht zu weit fortgeschritten sein. Anders gesagt: Die üblichen Startschwierigkeiten im neuen Job sollte er selbst erfolgreich bewältigt haben; sie sollten ihm aber gedanklich noch präsent sein.

BEISPIEL: DAS BUDDY-PRINZIP

Die Absolventen eines Trainee-Programms fungieren als Buddys für die nächste Kohorte.

Ein Buddy kann einem neuen Kollegen einen enorm wichtigen Dienst erbringen. Der Start in einem Unternehmen wird begleitet durch eine Unmenge an kleinen und großen Herausforderungen – schon abseits der eigentlich zu erledigenden Aufgaben. Wo gibt es hier X? Wie macht man hier Y? Wen kann ich fragen, wenn ich Z brauche? Solche Fragen bündeln viel Aufmerksamkeit und kosten Zeit – Ressourcen, die eigentlich für andere Lernprozesse benötigt werden. Ein Buddy kann jedoch noch auf einer tiefgründigeren Ebene hilfreich sein. Diese hat eine Menge mit dem Entdecken des Wertegerüsts der Organisation zu tun.

Jede Organisation verfügt über bewusste bzw. explizite Werte und Regeln. Diese stehen in Handbüchern, Broschüren und dieser Tage auch im Internet. Viel wichtiger für den nachhaltigen Erfolg in einer Organisation sind allerdings zumeist die ungeschriebenen bzw. impliziten Werte und Regeln. Häufig sind das Meta-Regeln, sprich: inoffizielle Regeln, die darüber entscheiden, wann die offiziellen Regeln zur Anwendung kommen – und wann nicht.

BEISPIEL: UNGESCHRIEBENE META-REGELN

Wann und unter welchen Umständen darf ich versuchen, Hierarchien und Abteilungsgrenzen zu umgehen, um eine Angelegenheit unkompliziert »auf dem kleinen Dienstweg« zu erledigen? Wann/wo habe ich dafür mit Sanktionen zu rechnen?

Dabei handelt es sich um Erfahrungswissen. Es steht nirgendwo. Man kann es nur über eigene Erfahrung begreifen (»sich eine blutige Nase holen«) oder durch eine Person, die ähnliche Erfahrungen erst kürzlich selbst gemacht hat. In Summe hilft ein Buddy Ihren neuen Kollegen also nicht nur dabei, konkrete Probleme zu lösen. Ein solcher Begleiter wird den neuen Mitarbeiter auch unterstützen, das Wertegerüst der Organisation zu ergründen – und somit blutige Nasen zu vermeiden.

Sich in der Arbeit näherkommen

Wir Menschen erleben uns selbst meist als Einheit – als »ein Ich«. Tatsächlich vereinen wir jedoch ein ganzes Bündel aus sich zum Teil widersprechenden Persönlichkeitsanteilen und Motiven in uns. Einige davon sind zentraler für unser Selbstkonzept als andere. Helfen Sie Ihren Mitarbeitern, diese Teile ihrer Persönlichkeit durch Arbeit zu explorieren.

In diesem Kapitel erfahren Sie,

- warum es wichtiger ist, Stärken zu stärken als Schwächen auszumerzen,
- wie Sie die Stärken Ihrer Mitarbeiter erkennen und zur Geltung bringen können,
- warum Ihre Mitarbeiter regelmäßig in den Flow kommen sollten.

Wir sind alle Pinguine

In diesem Kapitel widmen wir uns dem linken unteren Quadranten der Sinn-Matrix. Es geht um die Frage, wie sich Menschen in ihrer Arbeit selbst näherkommen können – und wie Sie als Führungskraft diesen Prozess unterstützen und beschleunigen können.

Die Sinn-Matrix: Selbstwerdung

Der Moderator und Kabarettist Dr. Eckart von Hirschhausen baut gerne einen wiederkehrenden Part in sein Bühnenprogramm ein: Er zeigt seinen Gästen Videomaterial von Pinguinen. Konkret kontrastiert er das Verhalten von Pinguinen an Land und im Wasser. Was jeder sofort versteht: An Land sind Pinguine langsam und schwerfällig; sie wirken ungeschickt. Sie rutschen aus, fallen um, stoßen mit ihren Artgenossen zusammen. Im Wasser hingegen sind sie im wahrsten Sinne des Wortes in ihrem Element. Nach dem Kopfsprung ins kühle Nass verwandeln sie sich in elegante, pfeilschnelle und wendige Jäger. Wenn ich mir solche Videos anschaue, bilde ich mir sogar ein, sie wirkten im Wasser glücklicher als an Land. Eckart von Hirschhausen nutzt diese Videos, um einen Punkt zum Thema Stärkenorientierung deutlich zu machen: Es schaut zumindest so aus, als seien die Vögel besser an ein Leben im Wasser als auf dem Land angepasst. Zwar müssen sie auch an Land existieren können, um zu brüten, aber das Leben im Wasser scheint ihnen in ihrem Wesen näherzuliegen.

Übertragen wir das Ganze auf den Menschen, oder genauer: auf Mitarbeiter von Organisationen. Der Management-Guru Peter Drucker hat wieder und wieder betont, dass Menschen sich selbst, andere, aber auch Organisationen als Ganzes nur effektiv führen können, wenn sie es vermögen, die Stärken des jeweiligen Systems zu bespielen – um im Laufe der Zeit die Schwächen irrelevant zu machen. Allerdings können wir unsere Stärken nur zur Geltung bringen, wenn wir mit Aufgaben betraut werden, in denen diese Stärken auch zur Geltung kommen. Am Ende des Tages sind wir alle Pinguine – und unsere Mitarbeiter sind es ebenfalls. Es liegt an Ihnen als Führungskraft, Bedingungen herzustellen, unter denen Ihre Mitarbeiter ihre Stärken bestmöglich abrufen können. Eine Ihrer Kernaufgaben ist es, dafür zu sorgen, dass sich die Personen in Ihrer Obhut möglichst oft in ihrem Element fühlen können. Hier stellt sich die Frage: Wie können Menschen im Falle des Falles mehr über ihre authentischen Stärken erfahren?

Werte in Aktion: die VIA-Stärken

Eine gängige Option auf diesem Weg ist das Absolvieren eines Stärkentests. Das weltweit am meisten verbreitete System zur Entdeckung der auf den Beruf bezogenen Stärken ist der von Gallup bereitgestellte »Strength Finder«-Test. Innerhalb der Positiven Psychologie, welche einen wichtigen theoretischen Hintergrund dieses TaschenGuides darstellt, wurde ein eigenes System von menschlichen Stärken beschrieben, das ich hier vorstellen möchte.

> Die Positive Psychologie ist ein junger Teilbereich der akademischen und anwendungsbezogenen Psychologie, welcher sich mit dem Erleben von Zufriedenheit, gelungenen Beziehungen oder Sinnerleben beschäftigt – im Privatleben wie auch im beruflichen Kontext. Für einen guten Überblick hierzu empfehle ich Ihnen die Kapitel 2 und 3 meines Buches »Arbeit besser machen«, das 2019 im Haufe-Verlag erschienen ist.

Professor Martin Seligman, der als Begründer der Positiven Psychologie gilt, erarbeitete zu Anfang des Jahrtausends gemeinsam mit Christopher Peterson, ein Kompendium menschlicher Charakterstärken und Tugenden. Es sollte all jene Attribute versammeln und beschreiben, die wir bei anderen Personen wie auch bei uns selbst als schätzenswert betrachten. Verkürzt gesagt geht es um jene Merkmale, die uns – so sie vorhanden sind – im besten Sinne des Wortes als einen guten Menschen auszeichnen. Zu diesem Zweck durchpflügte ein Team von Forschern über mehrere Jahre die Weisheitsliteratur dieser Welt, von den Zeugnissen der großen Religionsstifter über elementare philosophische Texte, Biografien von hochgeschätzten Staatsmännern und -frauen bis hin zu kontemporären Texten, z.B. dem Pfadfinder-Kodex oder auch Klassikern der Psychologie und des Selbsthilfe-Genres.

Neben verschiedenen formalen Kriterien sollte ein Attribut die folgende Eigenschaft aufweisen, um in den Stärkenkatalog aufgenommen zu werden: Es musste über verschiedene Kulturen und über alle Zeitalter immer wieder in einem positiven Licht erwähnt worden sein, also eine Form von Universalität der menschlichen Erfahrung darstellen. Als Ergebnis des langwierigen Projektes entstand ein System aus 24 Charakterstärken, die sich auf sechs übergeordnete Tugenden verteilen. Im Folgenden finden Sie eine entsprechende Übersicht. Die deutschen Beschreibungen beruhen auf der Arbeit eines Teams um Willibald Ruch von der Universität Zürich.

Die 6 Tugenden und 24 Stärken der VIA-Klassifikation	
Weisheit und Wissen: Stärken, die den Erwerb und Gebrauch von Wissen ermöglichen	
Kreativität	Neue, effektive Wege finden, Dinge zu tun
Urteilsvermögen	Dinge gut durchdenken und von verschiedenen Seiten betrachten
Liebe zum Lernen	Sich gerne neues Wissen aneignen und dieses organisieren
Weitsicht	In der Lage sein, guten Rat zu geben

Die 6 Tugenden und 24 Stärken der VIA-Klassifikation	
Mut: Stärken, die uns helfen, interne und externe Barrieren zu überwinden	
Tapferkeit	Sich Bedrohungen oder Schmerz nicht leichtfertig beugen
Ausdauer	Beenden, was man begonnen hat
Ehrlichkeit	Die Wahrheit sagen und sich authentisch verhalten
Tatendrang/ Vitalität	Der Welt mit Begeisterung und Energiereichtum begegnen, gerne Dinge initiieren
Menschlichkeit: Stärken, die liebevolle menschliche Interaktionen ermöglichen	
Liebe geben und nehmen können	Menschliche Nähe schätzen und diese aktiv herstellen können
Großzügigkeit	Anderen Menschen Gefallen tun, gerne gute Taten vollbringen
Soziale Intelligenz	Sich der eigenen Motive und Gefühle wie auch jenen der anderen Menschen bewusst sein
Gerechtigkeit: Stärken, die das Gemeinwesen fördern und erhalten	
Teamwork	Gut (und gerne) als Mitglied eines Teams arbeiten
Fairness	Menschen gleich und gerecht behandeln
Führungs-vermögen	Aktivität und Leistung in Gruppen ermöglichen und organisieren
Mäßigung: Stärken, die dem Exzess im Leben entgegenwirken	
Vergebung	Menschen vergeben können, die einem Unrecht getan haben
Bescheidenheit	Das Erreichte für sich sprechen lassen
Vorsicht/ Besonnenheit	Nichts tun, was mit großer Wahrscheinlichkeit später bereut werden könnte
Selbstregulation	Selbstregulation: Aufmerksam und angemessen steuern, was man fühlt und wie man handelt

Die 6 Tugenden und 24 Stärken der VIA-Klassifikation	
Transzendenz: Stärken, die uns einem Sein näherbringen, das über die eigene Existenz hinausweist	
Sinn für das Schöne	Schönheit (und Exzellenz) über verschiedene Lebensbereiche hinweg schätzen
Dankbarkeit	Sich der guten Dinge im Leben bewusstwerden und sie zu schätzen wissen
Hoffnung/ Optimismus	Das Beste erwarten und daran arbeiten, es auch zu erreichen
Humor	Lachen und Humor schätzen; Menschen zum Lachen bringen können
Spiritualität	Überzeugung von einem höheren Sinn des Lebens haben; Verbindung mit etwas Größerem spüren

Auf Basis des Kompendiums wurde ein eigenes Testverfahren entwickelt: der VIA-Test. Er wurde in der Zwischenzeit millionenfach absolviert. VIA stand ursprünglich für »Values in Action«, es geht also sinngemäß um persönliche Wertvorstellungen, die durch Taten in die Welt gebracht werden.

> Die wichtigste Seite, auf welcher der Test kostenlos in verschiedenen Sprachen absolviert werden kann, lautet www.viacharacter.org. Es dauert etwa 15 bis 20 Minuten, den Test auszufüllen. Außerdem finden Sie dort eine Fülle an Material, um mit Ihrem Testergebnis weiterzuarbeiten. Eine weitere Möglichkeit, den Test zu absolvieren, bietet sich an der Universität Zürich unter www.charakterstaerken.org.

Wie Sie unschwer erkennen können, enthält die Liste oben auch Stärken, die man in einem klassischen, auf die Business-Welt bezogenen Test nicht zwingend vermuten würde (Beispiel: Liebe geben und nehmen). Trotzdem lässt sich der Test wunderbar als Methode nutzen, um die eigene Stärkenorientierung im Berufsleben zu entwickeln. Als Kompendium bilden diese 24 Stärken einen nutzenstiftenden Weg, um Menschen in ihrer Individualität wertschätzend zu beschreiben und sich in positiver Art und Weise über Unterschiedlichkeit und Vielfalt auszutauschen, ohne in klassische Stärken-Schwächen-Muster zu verfallen: Auch schwach ausgeprägte Stärken bleiben nach der dem Test zugrundeliegenden Definition Stärken.

Grundsätzlich folgt das Modell einer Logik, die bereits von Aristoteles beschrieben wurde. Demnach liegt eine Stärke auf dem Mittelpunkt eines Kontinuums, dessen Pole durch zwei Laster beschrieben werden können. Beispielsweise lässt sich Mut als Mittelpunkt zwischen den Polen Feigheit und Übermut charakterisieren. Dabei ist zu beachten, dass die Stärken nur in Relation zu den Fähigkeiten des Einzelnen und in einem konkreten Kontext interpretierbar sind.

BEISPIEL

Wenn ein gut ausgebildeter Feuerwehrmann mit Ausrüstung in ein brennendes Haus geht, um einen Menschen zu retten, dann ist dies definitiv mutig. Würde der Autor dieses Buches das Gleiche tun, wäre es hingegen ein Fall von ungesunder Tollkühnheit.

Warum sind Stärken wichtig?

Nachdem Sie den VIA-Test absolviert haben, erhalten Sie kostenfrei Ihr persönliches Ranking der 24 Charakterstärken. Das wichtigste Element an dieser Rangreihe sind die vier bis sieben am deutlichsten ausgeprägtesten Stärken. Nennen wir sie

Schlüsselstärken. Dabei handelt es sich um über verschiedene Situationen hinweg stabile Präferenzen im Denken, Fühlen und Handeln. Man könnte auch sagen, die Stärken sind verschiedene Formen von Energie, die wir durch unser Tun in die Welt bringen wollen. Doch wofür ist es gut, die eigenen Schlüsselstärken zu kennen? Studien legen nahe, dass es uns auf verschiedene Arten und Weisen nützt, diesen möglichst viel Raum in unserem Leben einzuräumen. So fand man heraus, dass

- die regelmäßige Nutzung der Schlüsselstärken während der Arbeit mit gesteigertem Engagement sowie hoher Arbeitszufriedenheit und hohem psychischen Wohlbefinden einhergeht;
- Menschen, die ihre Kernstärken regelmäßig im Rahmen der Arbeit einsetzen, ihren Beruf eher als Berufung denn als trivialen Job ansehen – was ebenfalls mit einer Reihe von wünschenswerten positiven Konsequenzen einhergeht;
- Stärkenorientierung mit einer gesteigerten übergreifenden Lebenszufriedenheit einhergeht.

> Stärken sind stabile Präferenzen im Denken, Fühlen und Handeln. Sie sind Energie, die wir durch unser Tun in die Welt bringen wollen. Eine Stärke liegt strukturell auf dem Mittelpunkt zwischen zwei Schwächen.

Stärken mit Leben füllen

Das Kennenlernen der ureigenen Charakterstärken ist ein wichtiger Aspekt auf dem Weg der Selbsterkenntnis – aber letztlich nur der erste Schritt. Wie angedeutet, ist es von vortrefflicher

Wichtigkeit, Stärken durch ihren Einsatz zum Leben zu erwecken. Hierfür gibt es eine Fülle von Möglichkeiten, die Sie für sich selbst, aber natürlich auch gemeinsam mit Ihren Mitarbeitern ausprobieren können.

- Zunächst einmal hilft es schlicht und ergreifend, wenn alle Mitglieder eines Teams oder einer Arbeitsgruppe den VIA-Test absolviert haben und zumindest im Groben mit der ihm zugrundeliegenden Stärkentypologie vertraut sind. Es gibt im Netz entsprechende Poster und weitere Materialien zum Download. Dies hilft bei der *Entwicklung einer wertschätzenden Sprache* mit und über Menschen. Im besten Fall schleicht sich der Gebrauch nach und nach in die Sprache ein, sodass Mitarbeiter sich stärkenorientiert über Aufgaben sowie Mittel und Wege austauschen.
- Vorübergehend kann man dafür auch das betreiben, was im Englischen »Strengths Spotting« genannt wird: *das gezielte Erkennen und Benennen von Stärken bei anderen Menschen.* Dabei geht es um eine niedrigschwellige Form des Feedbacks im Alltag. Das läuft z. B. nach dem folgenden Muster ab: »Deine Präsentation heute Morgen hat mir wirklich gut gefallen. Da steckte viel von deiner ... [eine passende Schlüsselstärke des Gesprächspartners einsetzen] drin.« Auf diese Weise hilft man der Person, nach und nach mehr über sich selbst zu lernen. Zudem erfüllt es den im Kapitel »Feedback als Sinnesorgan« erwähnten Wunsch nach relevantem Feedback.
- Aus der Sicht einer Führungskraft ist es wichtig, den Aufgabenbereich eines Mitarbeiters mit der Zeit, langsam aber si-

cher, derart anzupassen, dass er mehr und mehr Zeit mit Tätigkeiten verbringt, in denen seine Schlüsselstärken abgerufen werden. Mit ein wenig Geschick müssen Sie hier als Leitungsperson jedoch nichts tun – außer, dem Mitarbeiter aus dem Weg zu gehen (mehr in Kapitel »Der Job, den ich wirklich, wirklich will« unter dem Stichwort »Job Crafting«).

- Es kann hilfreich sein, mit der Zeit bei der *Teamentwicklung die Stärkenprofile der einzelnen Mitarbeiter zu berücksichtigen.* Meist werden sich Menschen mit ähnlichen Schlüsselstärken auf Anhieb sympathischer finden, weil sie auf einer ähnlichen Welle funken. Gleichzeitig kann es im Sinne einer möglichst umfassenden Perspektive auf Themen förderlich sein, wenn durch die Individuen im Team möglichst viele Schlüsselstärken präsent sind. Ein solches Team ist etwas schwieriger auf einem gemeinsamen Kurs zu halten, aber es wird sich auf vielfältige Weise für Sie auszahlen.

Weitere Hinweise finden Sie auf der bereits erwähnten Seite www.viacharacter.org.

Über- und Unternutzung von Stärken

Als Psychologe habe ich in meinem Leben eine große Menge an Testverfahren absolviert, im Studium, aber auch später aus reinem Interesse. Den VIA-Test betrachte ich bis dato als am nützlichsten für meine persönliche Entwicklung. Meine Schlüsselstärken sind Neugier, Liebe zum Lernen, Vitalität sowie Liebe geben und nehmen. Speziell mit Blick auf die erstgenannten

Stärken erscheint es wenig verwunderlich, dass ich mich mit Anfang 40 doch noch für eine akademische Karriere entschieden habe. Ich hoffe, dass mir die zugehörigen Tätigkeiten noch besser entsprechen als die Management-Rolle, die ich den Jahren zuvor ausgefüllt habe.

Ein weiterer Blickwinkel, unter dem Schlüsselstärken analysiert werden können, ist die Frage nach der Über- bzw. Unternutzung dieser Stärken in bestimmten Kontexten. Gemäß der Idee, die eine Stärke als Mitte zwischen zwei Schwächen positioniert, wird deutlich, dass sich eine Schlüsselstärke im Lichte ihrer Über- bzw. Unternutzung gewissermaßen in eine Schwäche verwandeln kann.

BEISPIEL: LIEBE IM BERUFLICHEN KONTEXT?

Für mich hat es mit Blick auf das Verhältnis zu meiner Frau und meinen Kindern immer Sinn ergeben, dass »Liebe« eine Form von Energie ist, der ich besonderen Raum in meinem Leben geben möchte.

Als ich begann Menschen zu führen, wurde mir bewusst, dass ich diese Stärke im beruflichen Kontext jedoch nicht mit der gleichen Intensität einsetzte. Mich beschlich das Gefühl, dass das Ausleben dieser Stärke nicht in den beruflichen Kontext passen würde. In der Folge musste ich erst neue Ausdrucksformen für diese Form der Energie in diesem speziellen Umfeld finden. Ein Teil der Ergebnisse dieses Prozesses ist in das Kapitel »Der Himmel, das sind die anderen« mit eingeflossen.

Schlüsselstärken werden in manchen Kontexten übermäßig oder zu wenig genutzt. Als Führungskraft können Sie Ihren Mitarbeitern helfen, hier über die Zeit das richtige Maß zu finden.

Zum Umgang mit Schwächen

Wenn ich mit Führungskräften über Stärkenorientierung spreche, begegnen mir naturgemäß wiederkehrende Einwände. Der häufigste lautet: »Ich kann doch nicht die Schwächen meiner Mitarbeiter ignorieren!« Dies ist ein valider Einwand. Grundsätzlich ist es an dieser Stelle sinnvoll, zwischen normalen Schwächen zu unterscheiden und dem, was im Talent Management »Derailer« genannt wird. Das sind Schwächen im Profil eines (potenziellen) Mitarbeiters, die in Relation zum (zukünftigen) Anforderungsprofil so gravierend sind, dass sie den Menschen vermutlich aus der Bahn werfen und/oder der Organisation voraussichtlich nachhaltigen Schaden zufügen werden.

Solche Schwächen dürfen natürlich nicht ignoriert werden – auch wenn das in der Praxis viel zu häufig vorkommt. Wenn die Diagnostik vor der Einstellung oder Beförderung versagt hat und eklatante Schwächen in der Rolle bereits zutage getreten sind, hilft als letzter Rettungsanker manchmal nur, die Person wieder aus der Rolle zu entfernen. Bei leichteren Fällen sollte der Ansatz allerdings darin bestehen, die Schwächen durch intensivere Betonung der Stärken und/oder eine bewusste Veränderung des Aufgabenprofils obsolet zu machen (siehe dazu auch das Konzept des »Job Crafting« in Kapitel »Der Job, den ich wirklich, wirklich will«).

> Fußballer werden keine besseren Stürmer, indem sie lernen, weniger schlechte Torhüter zu sein. Viele Unternehmen glauben allerdings, dass Personalentwicklung genau so funktioniert.

Noch mehr Hinweise zur Entdeckung von Stärken

Es ist nicht immer gewünscht oder möglich, dass Mitarbeiter einen Stärkentest absolvieren. Auch das Durchlaufen der Übung »Mein bestes Selbst im Spiegel« (siehe Kapitel »Feedback als Sinnesorgan«) kostet einige Ressourcen und ist nicht immer umsetzbar. Das heißt jedoch nicht, dass Sie als Führungskraft im Dunkeln tappen müssen. Zum Abschluss dieses Abschnitts gebe ich Ihnen noch einige Hinweise, wie Sie die Stärken Ihrer Mitarbeiter ganz ohne Test und Tools im Alltag erkennen können.

- Achten Sie darauf, welche Aufgaben Ihre Mitarbeiter freiwillig übernehmen. Wer hilft den anderen aus, wenn eine unbekannte Excel-Funktion gesucht wird? Wer übernimmt freiwillig die Bewerbungsgespräche mit potenziellen Praktikanten? Wer sprüht nur so vor Ideen für die nächste Weihnachtsfeier? Dort, wo Menschen sich freiwillig – und jenseits des eigenen Aufgabenprofils – einbringen, tun sie das häufig, um Stärken zum Leben zu erwecken, die in ihrem normalen Berufsalltag nicht regelmäßig abgerufen werden. Nutzen Sie das, indem Sie den Mitarbeitern helfen, mehr solcher Aufgaben in das Rollenprofil zu integrieren.
- Achten Sie darauf, wenn ein Mitarbeiter sich eine Fähigkeit deutlich schneller aneignen kann als andere. Dort scheint im übertragenen Sinn ein Samen auf sehr fruchtbaren Boden zu treffen. Wer mehrere Kinder hat, kann dies regelmäßig beobachten. Man schickt beispielsweise beide Kinder zum Klavier- oder Tennisunterricht – und während eines der Kinder nur

langsam sichtbare Fortschritte erzielt, ist das andere ratzfatz im Förderunterricht und macht rapide Fortschritte. Eine ähnliche Dynamik kann sich durchaus auch im Erwachsenenalter vollziehen, wenn eine bestimmte Fähigkeit nahe an den Stärken einer Person liegt. Wenn Sie so etwas als Führungskraft beobachten, sei auch hier angeraten zu überlegen, wie sich mehr von den entsprechenden Tätigkeiten in den Wirkungskreis des entsprechenden Mitarbeiters integrieren lassen.

- Achten Sie darauf, wenn ein Mitarbeiter in einem bestimmten Aufgabenfeld kontinuierlich überdurchschnittliche Leistungen erbringt – und denken Sie darüber nach, wie man das Ganze noch ausbauen kann. Oft nehmen wir als Führungskräfte exzellente Leistungen »einfach so« hin. Es schaut so aus, als gäbe es hier nichts mehr zu tun, die Person leistet ja bereits Herausragendes. Stattdessen sollten wir an dieser Stelle überlegen, unter welchen Umständen es möglich ist, dass ein Mitarbeiter einfach weiter in dieser Richtung wachsen kann.

Wenn alles im Fluss ist

Ein der Stärkenorientierung verwandter, aber doch unterscheidbarer Weg, sich selbst in der Arbeit näherzukommen, ist das Erleben von »Flow«. Dieses als freudvoll empfundene, vollkommene Aufgehen in einer Tätigkeit wurde ab Mitte der 1970er-Jahre von einem Psychologie-Professor mit dem schier unaussprechlichen Namen Mihály Csíkszentmihályi beschrieben. Csíkszentmihályi konzentrierte sich in seiner Forschung zunächst auf freizeitorientierte Tätigkeiten wie Freeclimbing – übertrug seine Erkenntnisse jedoch später auf das Arbeitsleben. Ein Mensch im Flow-Zustand lässt sich wie folgt charakterisieren:

- Er lenkt seine ganze Aufmerksamkeit auf eine Tätigkeit.
- Die Anforderungen dieser Aufgabe sind vollkommen klar.
- Es kommt zur Verschmelzung von Handlung und Bewusstsein.
- Er vergisst alles um sich herum, auch sich selbst.
- Dabei hat er – trotz großer Anstrengung – das gute Gefühl, alles unter Kontrolle zu haben.
- Die Aufgabe ist aus sich selbst heraus belohnend, es geht nicht um eine extrinsische Belohnung.

Eine Voraussetzung ist entscheidend für das Entstehen von Flow: Die Schwierigkeit der Aufgabe und der Level der aktuellen Fähigkeiten müssen sich in etwa die Waage halten. Wenn wir mit Tätigkeiten konfrontiert werden, die unsere wahrgenommene Kompetenz deutlich überschreiten, dann entsteht kein Flow, sondern Überforderung. Wenn unsere Fähigkeiten die Anforderungen jedoch deutlich übersteigen, dann stellt sich ebenso kein Flow ein – stattdessen empfinden wir Langeweile.

Wenn wir uns zum ersten Mal mit einer neuen Tätigkeit beschäftigen (z. B. ein Musikinstrument spielen), haben wir noch keine Kompetenz, beschäftigen uns jedoch mit Übungen für Anfänger. Wenn wir diese gemeistert haben, wird ein guter Lehrer langsam, aber sicher die Schwierigkeit erhöhen. Das bringt uns zeitweilig in die Überforderung, doch durch Wiederholung, Ermutigung und Lernen am Modell wachsen unsere Skills – und wir sind erneut im Flow-Kanal. Dieser Weg führt uns, ausreichend Talent und Übung vorausgesetzt, in Richtung »Meisterschaft«.

Der Vorgesetzte als Flow-Förderer

Der Vorteil von musikalischer und auch sportlicher Betätigung ist, dass wir im Grunde jederzeit zeitnahes und konkretes Feedback über unser Leistungsniveau und den Grad der Zielerreichung erhalten. Wir erfahren am Ergebnis, ob ein Gegner oder ein Musikstück gerade noch bezwingbar war – doch auch auf dem Weg erhalten wir Feedback zur Performance, durch die Tatsachen an sich (z. B. richtiger vs. falscher Ton), aber idealerweise auch durch die Rückmeldung eines Coaches oder Lehrers. Dieses Feedback – konkret: Rückmeldung über den Grad der Zielerreichung – ist neben der passenden Aufgabenschwierigkeit eine weitere wichtige Bedingung für das Entstehen von Flow.

In Unternehmen werden Menschen hingegen regelmäßig über ihre Leistung im Unklaren gelassen. Konkretes, verhaltensbezogenes Feedback erhalten viele Mitarbeiter so gut wie nie, und wenn doch, dann zu spät. Die allgegenwärtigen und oft gehassten Jahresgespräche helfen jedenfalls kaum weiter. Ein weiteres Problem: Unternehmen haben implizit ein hohes Interesse daran, dass Mitarbeiter ein gewisses Leistungsniveau erreichen und dann konstant auf diesem Level performen. Genau dieses Verharren auf gleichem Niveau kann jedoch Flow-Erleben verhindern und langfristig möglicherweise sogar in Richtung Bore-out führen.

Viele Unternehmen kreieren, vermutlich aus einer Mischung aus Unwissenheit und Gleichgültigkeit heraus, geradezu eine Art Anti-Flow für viele Mitarbeiter. Es ist Ihre Aufgabe als sinnstiftende Führungskraft, hier aktiv gegenzusteuern. Wenn wir als Führungskräfte bewirken möchten, dass die uns anvertrauten Menschen wachsen und dieses Wachstum als erfüllend erleben, dann kommen wir nicht umhin, mehr zu beobachten, mehr rückzumelden, mehr darüber nachzudenken, welcher Kollege im nächsten Schritt welche Aufgaben(-schwierigkeit) benötigt. Das ist definitiv komplizierter, als ein- oder zweimal im Jahr im Rahmen von vorgegebenen Gesprächen ein Kompetenzmodell »durchzunudeln«. Das hat allerdings durchaus etwas Gutes, denn auch für Führungskräfte gilt das Prinzip »Man wächst mit seinen Aufgaben«. Ihre Führungsaufgaben sollten nach und nach immer schwieriger werden. Sich auf diesen Pfad zu begeben, ist nicht leicht, aber definitiv lohnenswert.

> Tipps zur Förderung des Flow-Erlebens Ihrer Mitarbeiter finden Sie via https://mybook.haufe.de/ nach Eingabe des Buchcodes TGA-HL12 in der Rubrik »Management«.

Den Spielraum vergrößern

Wer in einem Unternehmen anheuert, verliert ein Stück weit seine Selbstbestimmtheit. Er muss sich an anderen orientieren und schlimmstenfalls unterordnen. Wie schön wäre es, wenn es anders wäre! Die gute Nachricht: Das geht, und es ist gar nicht so schwer.

In diesem Kapitel erfahren Sie,

- wie Selbstbestimmtheit und Sinnempfinden zusammenhängen,
- warum Delegieren und Loslassen zwei unterschiedliche Paar Schuhe sind,
- wie Menschen aus ihrem aktuellen Job ihren Lieblingsjob machen.

Gute Führung: nichts Neues unter der Sonne

In diesem Kapitel dreht sich alles um den oberen linken Quadranten der Sinn-Matrix. Hier geht es um die Frage, wie sich Arbeitnehmer – trotz des Eingebundenseins in Hierarchien, Prozesse und vielerlei Regeln – als Urheber ihres Handels, als Autoren ihrer eigenen Geschichte erleben können. Wahrscheinlich mehr als jeder andere Quadrant wird dieser von Ihren Fähigkeiten als Führungskraft bestimmt – vor allem von Ihrem Willen und Ihrer Fähigkeit, anderen zu vertrauen und Verantwortung abgeben zu können.

Die Sinn-Matrix: Autonomie und Selbstwirksamkeit

Von guter und schlechter Führung

Es gibt ohne Zweifel gute Führungskräfte da draußen. Ich weiß das, weil ich in meinen Rollen bei Bertelsmann acht Jahre für einen außergewöhnlich guten Chef arbeiten durfte – und weil ich in den vergangenen Jahren zum Thema »gute Führung« geforscht habe und meine eigenen Stärken und Grenzen als Führungskraft ergründet habe (siehe hierzu auch das letzte Kapitel).

Obwohl es ganz offensichtlich gute Führung gibt, bin ich vollkommen sicher: Niemand geht am Freitagnachmittag nach Hause und sagt Folgendes zum Partner oder einem Freund: »Mensch, was bin ich diese Woche wieder geil geführt worden ...!« Ich nutze diesen Satz in meinen Vorträgen gelegentlich, um darauf hinzuweisen, dass Führung ein Imageproblem hat. Einerseits leiden viele Arbeitnehmer tatsächlich unter schlechter Führung. Das lässt sich aus so ziemlich jeder Studie ablesen, die je zu den Themen Arbeitszufriedenheit und Motivation durchgeführt wurde. Andererseits neigen wir dazu, die Rolle der Führung(-skraft) auszublenden, wenn wir darüber nachdenken, was unsere Arbeit in jüngster Zeit zufriedenstellend und erfolgreich gemacht hat. Führung wird uns eher bewusst, wenn sie nicht funktioniert. Gute Führung hingegen zeichnet sich dadurch aus, dass sie im Grunde nicht bemerkt wird. Bereits im uralten Buch »Tao Te King« heißt es: »Der wahre Herrscher macht nicht viele Worte. Ist sein Werk vollendet, die Tat vollbracht, dann sagen die Menschen: Es geschah wie von selbst.«

Ich war das!

Was der Autor des »Tao Te King« wusste: Alle Menschen haben ein Grundbedürfnis nach Autonomie – der eine ein wenig mehr, der andere etwas weniger. Doch am Ende des Tages möchten wir uns alle als eigenständig handelnd erleben, als Autor unserer Lebensgeschichte – das schließt unser Handeln im Rahmen der Erwerbsarbeit mit ein. Deswegen reden wir am Freitag auch nicht über die Leistung unserer Vorgesetzten, sondern über unser eigenes Tun: Welche Erfolge habe *ich* diese Woche erzielen können? Auf welche *meiner* Aufgaben bin ich besonders stolz? Kurz: Was habe *ich* diese Woche gewuppt? Gleichzeitig wird deutlich, dass viele Aspekte von Arbeit in hierarchischen Organisationen dem Autonomie-Erleben abträglich sind. In eine Konstellation einzutreten, in der andere Menschen Weisungsbefugnis über unser Handeln haben, impliziert per se, einen Teil der eigenen Autonomie aufzugeben. Zudem unterwirft man sich nicht nur der Macht von Menschen, sondern in einem gewissen Umfang auch der Macht von Regeln, Verordnungen und Prozessen.

Ihre Aufgabe als sinnstiftende Führungskraft ist es, die erlebte Einschränkung der Autonomie Ihrer Mitarbeiter so gering wie möglich zu halten. Bevor wir uns genauer anschauen, wie das umsetzbar ist, ist mir wichtig, dass Sie besser verstehen, wie die Empfindungen von Autonomie und Motivation bzw. Engagement zusammenhängen. Dazu stelle ich Ihnen die Selbstbestimmungstheorie vor. Sie ist das wichtigste psychologische

Gedankengebäude der letzten vier Jahrzehnte zur Frage, was uns als Menschen antreibt.

»Ich bin der Käpt'n meiner Seel«

Die Selbstbestimmungstheorie (Englisch: Self-Determination Theory) gründet sich auf Erkenntnissen aus den frühen Arbeiten des Forschers Edward Deci in den 1970er-Jahren. Er interessierte sich als Doktorand für den Unterschied zwischen intrinsischer und extrinsischer Motivation. Deci ging es um Folgendes: Wenn Menschen intrinsisch motiviert sind, tritt ein Verhalten spontan auf und wird aus sich selbst heraus als befriedigend erlebt. Man muss Kinder nicht zum Spielen animieren. Das machen sie von allein, wenn sie sich sicher fühlen. Gemäß den Ideen des Behaviorismus, die zu diesem Zeitpunkt immer noch eine zentrale Rolle in der Psychologie einnahmen, hätte es möglich sein müssen, intrinsische Motivation zu verstärken, indem man ein Verhalten zusätzlich extrinsisch motiviert. Sprich: Wenn ein Kind sowieso gerne malt, dann sollte es noch mehr Bilder malen, wenn es für jedes fertige Bild ein paar Cent erhält.

Der Bonus: ein wahrer Motivationskiller

Interessanterweise fand Deci heraus, dass oft das Gegenteil passiert: Wenn man Menschen für etwas belohnt, das sie aus intrinsischer Motivation tun, dann führt die Hinzunahme von externer Belohnung nicht zu einer Addition, sondern einer Subtraktion der Verhaltensintensität und -qualität. Im Klartext:

Wenn man Menschen dafür bezahlt, etwas zu tun, was sie sowieso gerne tun, dann vermindert diese Belohnung in vielen Fällen den Antrieb. Wir strengen uns in einem geringeren Maß an und leisten in der Folge weniger und oft auch qualitativ schlechtere Arbeit. Diese Botschaft ist allerdings bis heute zu vielen Unternehmen noch nicht durchgedrungen, die nach wie vor Unsummen in immer kompliziertere Vergütungsmodelle und Bonussysteme investieren. Warum aber sollte die Motivation von Menschen schwinden, wenn man weitere Motivatoren hinzufügt? Nähern wir uns der Antwort auf diese Frage schrittweise. Schauen Sie sich zunächst die folgende Grafik an. Sie veranschaulicht eine der zentralen Annahmen der SDT.

Motivation: Qualität, nicht Quantität entscheidet

Edward Deci geht gemeinsam mit einem seiner späteren Doktoranden, Richard Ryan, von der Idee aus, dass es nicht nur eine Form von Motivation gibt. Sie zeigen stattdessen auf, dass Menschen eine Bandbreite verschiedener Qualitäten von Motivation erleben können. Zentral für die Einordnung auf dem Kontinuum ist der Grad dessen, was die Forscher autonome Regulation nennen. Auf Deutsch: Je mehr Selbstbestimmtheit wir verspüren, desto motivierter sind wir; je fremdbestimmter wir uns fühlen, desto mehr schwindet die Antriebskraft.

Abgesehen von seltenen Momenten der Amotivation, in denen wir keinerlei Drang verspüren, irgendetwas zu tun, lassen sich vier verschiedene Klassen der Motivation unterscheiden:

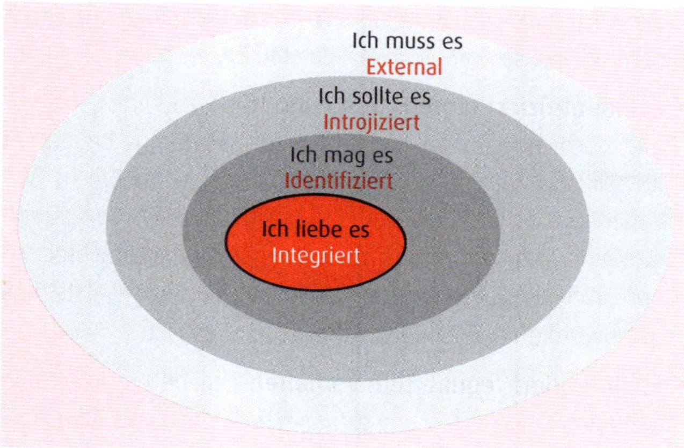

Das Kontinuum extrinsischer Motivation gemäß der Selbstbestimmungs-theorie

- **External reguliertes Verhalten** bezeichnet Situationen, in denen wir keinerlei Selbstbestimmtheit erleben. Wir handeln aufgrund eines externen Zwangs. Im Extrem tun wir etwas, weil Leib und Leben bedroht sind. Zum Beispiel geben wir jemandem unser Geld, wenn er uns mit einer Waffe bedroht. Aber wir stellen das entsprechende Verhalten ein, wenn der externe Reiz verschwindet. Streng genommen gehören Belohnung und Bestrafung (Anreizsysteme) auch zu diesem Teil des Spektrums.
- **Introjiziert reguliertes Verhalten** ist immer noch von hoher Fremdbestimmung gekennzeichnet. In solchen Situationen handeln wir jedoch nicht aufgrund eines externen, sondern eines inneren Zwangs. Hier geht es beispielsweise um Dinge,

die wir tun, um Schuldgefühle zu vermeiden, Ängste zu mindern oder unseren Selbstwert zu stärken.

- Bei **identifiziert reguliertem Verhalten** handelt es sich immer noch um extrinsische Motivation. Allerdings haben wir hier die Gründe für das Verhalten stärker verinnerlicht. Wir verstehen sie und bewerten sie positiv. Beispiel: Wir erledigen eine Aufgabe, die wir als wenig spannend erachtet haben, mit viel Engagement, nachdem der Vorgesetzte uns glaubwürdig erläutert hat, wie wichtig diese ist.
- Bei **integriert reguliertem Verhalten** handelt es sich streng genommen weiterhin um extrinsische Motivation. Allerdings ist sie an jenem Punkt nicht mehr von intrinsischer Motivation zu unterscheiden. Die externen Gründe wurden zu einem solch hohen Grad integriert, dass sie sich wie ein Teil von uns anfühlen. An diesem Punkt erleben wir uns, wie bei intrinsischer Motivation, vollständig als Quelle und Kraft unseres Tuns.

Auf Basis dieser Überlegungen sollte Ihnen einleuchten, warum die Quantität und Qualität von Leistung zurückgehen kann, wenn man Menschen für etwas belohnt, das sie bereits mit Freude tun: Die Belohnung vermindert die wahrgenommene Selbstbestimmung. Kam der Wunsch zum Handeln ursprünglich aus dem als authentisch erlebten Selbst, so verschiebt sich die Wahrnehmung der Urheberschaft des Handelns durch die Belohnung Stück um Stück weg vom Selbst, weg von der inneren Schaffensfreude.

> Wann immer möglich, sollten Mitarbeiter in Entscheidungsprozesse mit einbezogen werden. Merke: Das eigene Kind ist niemals hässlich.

Brauchen wir alle »neue Arbeit«?

Im Lichte dieser Ausführungen kann die »New-Work«-Bewegung auch als Versuch gedeutet werden, (wieder) mehr Selbstbestimmtheit in das Arbeiten in Organisationen einzuführen. Ganz gleich, welchen Aspekt man sich anschaut: Immer geht es (auch) darum, dem Individuum wieder mehr Autonomie in Bezug auf das Wann, das Wo und das Wie der Arbeit zu geben:

- Homeoffice, Vertrauensarbeit oder die Möglichkeit, die Anzahl der Urlaubstage selbst zu wählen, geben dem Menschen Souveränität in Bezug auf Zeit und Ort des Arbeitens zurück.
- Verschiedene Arten von Selbstorganisation oder »Führung von unten« bewirken mehr Autonomie in Entscheidungssituationen.

Unternehmensdemokratie – also die Möglichkeit, die Führungskräfte per Wahl zu bestimmen – beseitigt zwar nicht die Hierarchie, sorgt aber für eine neue Legitimation, weil sie wechselseitige Abhängigkeiten verdeutlicht. Ähnliches gilt für die sogenannte organische Führung: Hier entsteht Führung spontan und vor allem flüchtig. Konstellationen lösen sich alsbald wieder auf, um sich später erneut zu finden. Allerdings müssen solche Modelle des Organisierens ihre Nachhaltigkeit erst noch unter Beweis stellen.

Glücklicherweise gibt es jedoch auch für Führungskräfte in traditionellen Unternehmen vielfältige Möglichkeiten, das Gefühl von Selbstbestimmung bei den Geführten zu fördern. Diese Verhaltensweisen und Haltungen werden in der Forschung Autonomie-Support genannt.

So funktioniert Autonomie-Support

- Die Delegation von Aufgaben und Entscheidungsgewalt stärkt die Selbstbestimmung der Geführten.
- Die gleiche Wirkung hat Zeitsouveränität, z. B. in Form von Arbeitstagen, über deren Inhalt frei verfügt werden kann.
- Mitarbeitern wirklich zuzuhören wirkt Wunder. Hier geht es darum, den Standpunkt des Gegenübers wirklich zu verstehen – nicht, menschlichen Kontakt wie eine Aufgabe abzuarbeiten.
- Schließlich kann der Abbau von Statussymbolen Selbstbestimmung stärken, denn Chefbüros, dicke Dienstwagen und weitere Insignien der Macht schaffen Distanz und das Gefühl von Abhängigkeit in Hierarchien.

In dem Maße, wie Sie diese Verhaltensweisen und Haltungen an den Tag legen, profitieren Ihre Mitarbeiter wie auch Ihre Organisation als solche. Autonomie-Support geht mit mehr Engagement, erhöhter Performance sowie weniger Wechselmotivation, aber auch mit mehr Wohlbefinden und weniger Burn-out-Symptomen einher.

Delegieren oder loslassen?

Ich coache seit 2008 Führungskräfte. Ein wiederkehrendes Thema in diesen Gesprächen ist Zeitmangel. Wenn einer meiner Klienten über zu wenig Zeit klagt, frage ich gerne, ob er gelernt hat, ausreichend zu vertrauen. Manche sagen dann: »Wieso? Ich delegiere doch schon alles, was geht.« Aber Delegieren ist nicht Loslassen. Das vollständige Loslassen von Themen erfordert ein größeres Maß an Vertrauen zu den Mitarbeitern. Vertrauen ist ein vielschichtiges Phänomen. Es lassen sich drei Dimensionen unterscheiden:

- **Vertrauenswürdigkeit:** Wir unterscheiden zwischen Menschen und Institutionen, die wir nicht kennen, und solchen, die wir als vertrauenswürdig bzw. nicht vertrauenswürdig erachten, vorranging basierend auf Erfahrungen aus der Vergangenheit.
- **Vertrauensfähigkeit:** Menschen zeigen, basierend auf ihrer Persönlichkeit sowie ihren Vorerfahrungen, eine unterschiedlich starke Neigung (bzw. Fähigkeit) anderen zu vertrauen.
- Davon abzugrenzen ist der eigentliche **Vertrauensprozess bzw. die Wahrnehmung von Vertrauen**, das auf positiven Erwartungen basierende Akzeptieren von Unsicherheit (bzw. Verwundbarkeit) im Kontakt mit anderen Menschen oder Institutionen.

> Wer als Führungskraft ein Thema loslässt, gibt die Verantwortung aus der Hand, kontrolliert nicht mehr nach. Wir vertrauen einfach darauf, dass ein Mitarbeiter alles zur Zufriedenheit erledigen wird.

Stärken Sie Ihren Vertrauensmuskel

Ihre Fähigkeiten als Führungskraft werden mit zunehmender Vertrauensfähigkeit steigen. Das zugehörige Aufgeben von Kontrolle erzeugt allerdings Unsicherheit. Diese auszuhalten ist etwas, was wir lernen können. Sie können sich diesen Prozess vorstellen wie das, was in der Psychotherapie Desensibilisierung genannt wird (z.B. bei der Behandlung von Phobien). Dabei lernt ein Klient mit der Zeit, immer stärkere Dosen eines störenden Reizes (z.B. die Anwesenheit einer Spinne) entspannt auszuhalten. Zunächst sieht der Klient eine kleine Spinne auf einem weit entfernten Bildschirm. Wenn er mit diesem Reiz gut umgehen kann, wird die Dosis erhöht, also beispielsweise eine größere Spinne gezeigt. Dann folgt vielleicht eine kleine, lebendige Spinne in einem weit entfernten Terrarium, darauf erneut ein größeres Exemplar. Das Ganze wird über mehrere Monate fortgeführt, bis der Klient lebendige Spinnen in seiner direkten Umgebung (bis hin zum Berühren) ohne Probleme erträgt. Ähnlich verhält es sich mit Menschen, die nicht genug vertrauen können: Sie müssen sich mehr und mehr einlassen – um zu lernen, dass nichts Schlimmes geschieht. Vertrauensfähigkeit wächst mit der gezielten Überlastung. Ergo: Ich vertraue einem Menschen ein wenig mehr, als ich ursprünglich vorhatte – und werde nicht enttäuscht. Nun vertraue ich ihm noch mehr und werde erneut bestätigt, um dem anderen in der Folge noch mehr Vertrauen zu schenken.

Viele Menschen assoziieren Führung und hierarchischen Aufstieg mit mehr Macht und Freiheit. Konsequent zu Ende gedacht geschieht jedoch genau das Gegenteil, wenn man es denn vernünftig macht: Wir lernen, immer weiter loszulassen, stärken dadurch die geführten Personen – und begeben uns gleichzeitig in eine immer tiefere Abhängigkeit von diesen

Menschen, weil man im Sinne des eigenen Erfolgs auf deren Beitrag und guten Willen angewiesen ist. Somit hat Führungskompetenz sehr viel zu tun mit der Fähigkeit (und dem Wunsch), sich zu binden. Man könnte auch sagen, dass Führungskräfte wirkmächtiger werden, je mehr Ohnmacht sie verkraften. Für westliche Ohren mag das wie ein Paradox klingen, aber in fernöstlichen Philosophien ist das ein ganz natürlicher Gedanke.

Vertrauen führt. Vertrauen heißt: sich verwundbar machen. Führung und Verwundbarkeit gehen somit Hand in Hand. Je mehr Verletzlichkeit eine Führungskraft aushält, desto mächtiger kann sie werden.

Was, wenn Fehler passieren?

Wenn Sie das zuvor beschriebene Loslassen in einem immer stärkeren Maß praktizieren, wird notwendigerweise der Tag kommen, an dem Ihre Mitarbeiter Fehler machen, vielleicht sogar schwere Fehler. Auch wenn das an sich natürlich kein angenehmes Ereignis ist, sollten Sie sich (um die Ecke gedacht) darüber freuen. Es ist eine Gelegenheit, Ihre Fähigkeiten als Führungskraft auf einer anderen Ebene noch weiter auszubauen. Im Folgenden finden Sie den Ausschnitt aus einem Abschiedsbrief, den eine Mitarbeiterin mir nach meinem Ausscheiden bei Bertelsmann geschrieben hat:

Danke für alles!

»(...) Du warst ein fantastischer Boss auf so viele unterschiedliche Weisen. Du hast mir die Freiheit gegeben, darüber zu entscheiden, wie ich meine Ziele verfolge; und meistens sogar die Freiheit, mir meine eigenen Ziele zu setzen. *Du hast mir den Rücken gestärkt und mich verteidigt, wenn unser Team von außen kritisiert wurde.* Und du hast für meine Weiterentwicklung in dieser Firma gekämpft, egal ob es um Geld, Verantwortung oder Entwicklungsmöglichkeiten ging. (...)«

Sie werden in diesem Text einige der Themen wiedererkennen, die ich in diesem Kapitel bereits angesprochen habe – vor allem: Autonomie-Support. Mir geht es an diesem Punkt allerdings um einen anderen Satz aus dem Brief. Sollte man als Führungskraft Fehler ansprechen, deren Entstehung analysieren – und daran arbeiten, dass diese sich nach Möglichkeit nicht wiederholen? Die Antwort lautet natürlich »Ja« – so sicher wie das Amen in der Kirche. Doch zuerst gehört sich etwas anderes: Ein Mitarbeiter, der einen Fehler gemacht hat, sollte zuallererst beschützt und auch gegen Angriffe von anderen Menschen verteidigt werden. Ohne dieses Sicherheitsnetz werden Ihre Mitarbeiter keine Risiken eingehen (wollen). Dies wiederum schmälert in direkter Beziehung Ihre Leistung als Führungskraft.

Ich war in der Lage und gewillt, meiner Mitarbeiterin zu vertrauen und sie im Falle des Falles zu schützen, weil mein eigener Chef mir gegenüber viele Male ein ähnliches Verhalten an den Tag gelegt hat. Ich habe in meiner Zeit bei Bertelsmann viele Fehler gemacht, auch zwei, drei dicke Dinger – aber einen richtigen Bock geschossen habe ich nur einmal, den dafür aber bereits nach wenigen Monaten. Letztlich war alles ein Sturm im Wasserglas, aber aus der Perspektive einer Verwaltung nicht zu unterschätzen.

BEISPIEL: DIE KUGEL NEHMEN

Im Sommer 2011 gab sich Bertelsmann ein neues Corporate Design: neues Logo, neue Farben, neue Sprache – das ganze Paket. Bei einem Dickschiff wie Bertelsmann erfordert das Jahre an Vorbereitung. Ich war damals für das erste große Event *nach* dem Launch des neuen Designs verantwortlich: eine aufwendige Employer-Branding-Veranstaltung mit mehreren hundert internen Gästen inklusive Vorstand und einer großen Zahl an externen Studierenden. Im Rahmen der Vorbereitungen mussten wir alle Materialien schon im neuen Design erstellen, ohne dass etwas nach außen dringen durfte. Für das Event wurde ein Profilbuch erstellt, um den Teilnehmenden ein einfacheres Networking zu ermöglichen. Aus den Vorjahren wusste ich, dass eine Vorabversion einer solchen Broschüre als PDF an die internen Teilnehmer verschickt wird, damit diese sich im Vorfeld der Veranstaltung Anmerkungen machen können. So kam es, dass ich eine Woche vor dem Event, nach einem langen Tag in einem kurzen Moment geistiger Umnachtung, das Profilbuch an 200 hochrangige Kollegen im gesamten Konzern verschickte ... im neuen Corporate Design, obwohl die Veröffentlichung des Corporate Designs erst einige Tage später anstand.

Es dauerte nur wenige Minuten, bis ich eine wütende Mail vom verantwortlichen Kollegen im Postfach hatte, der zu Recht das Werk vieler tausend Arbeitsstunden ein Stück beschädigt sah. Wenig später informierte er auch den Vorstandsvorsitzenden per Mail über den Vorgang, mein Chef auf Cc. Ich versuchte derweil niedergeschlagen, die Mails an die gesammelte Kollegenschaft zurückzurufen, was wie immer mehr schlecht als recht funktionierte. Vor meinem geistigen Auge sah ich mich, gerade ein paar Wochen aus der Probezeit raus, schon meine Papiere holen. Doch es kam ganz anders. Ich schrieb eine Mail an meinen Chef, um ihn über den Fehler zu informieren, und blieb im Büro, um Schadensbegrenzung zu betreiben. Es vergingen quälende 90 Minuten, bis gegen 22 Uhr seine SMS eintraf. Sie lautete: »Geh nach Hause, schlaf dich aus. Wenn da eine Kugel kommt: Die nehme ich.« Am nächsten Morgen schickte er eine Mail an den zuständigen Kollegen, auf Cc dessen Hauptabteilungsleiter wie auch den Vorstandsvorsitzenden. Er bat um Entschuldigung, nahm alles auf seine Kappe, obwohl er in den entsprechenden Prozess, der zum Fehler führte, gar nicht eingeweiht war. Damit war das Ganze bis auf ein, zwei unangenehme Besprechungen erledigt.

Man muss die Wortwahl meines Chefs nicht gutheißen, aber wie er sich damals vor mich gestellt hat, erfüllt mich noch heute mit Hochachtung – und Dankbarkeit. Er hat große Loyalität demonstriert, obwohl ich zu diesem Zeitpunkt noch nicht unter Beweis gestellt hatte, dass ich sie verdiene. Er hat »mit dem guten Auge hingeschaut«, ist in Vorleistung gegangen, hat trotz gegenteiliger Signale in unsere gemeinsame Zukunft investiert. Diese Begebenheit bildete die Basis für ein auf Gegenseitigkeit beruhendes Vertrauensverhältnis, das uns acht Jahre lang getragen hat. Wir hatten beide hohen Reiseaufwand, konnten uns oft Monate am Stück nicht sehen. Vertrauen braucht jedoch nicht zwingend physische Nähe. Sie benötigt psychologische Nähe – und die Gewissheit, dass man füreinander einsteht, wenn »die Scheiße in den Ventilator geflogen ist«, wie es Amerikaner bildgewaltig ausdrücken.

> Sie müssen als Führungskraft lernen, mit dem »guten Auge« auf alle Ihre Mitarbeiter zu schauen.

Führen Sie noch oder dienen Sie schon?

Über die Jahrzehnte haben Forscher verschiedene Führungsstile beschrieben und Instrumente entwickelt, um diese messbar zu machen. Die beiden bekanntesten Vertreter sind die »transaktionale Führung« und die »transformationale Führung«.

Führungsstile: vom Herrn zum Diener

- **Transaktionale Führung** betont, wie der Name andeutet, die Austauschbeziehung zwischen Führenden und Geführten. In diesem Konzept gleicht die Führungskonstellation einem kontinuierlichen Tauschhandel. Die Führungskraft steuert die Mitarbeiter durch Ziele und auch Übertragung von Verantwortung, nutzt aber zur Verhaltenssteuerung vor allem Belohnung und Bestrafung. In diesem Sinn zielt transaktionale Führung vor allem auf die unmittelbare Performance der Geführten ab – tendenziell dient sie dazu, den Status quo zu bewahren.
- **Transformationale Führung** bezeichnet einen Stil, der stärker auf die Gestaltung der Beziehung zwischen Führenden und Geführten abhebt. Ihr Ziel ist es, den Mitarbeiter im besten Sinne des Wortes zu berühren. Die Führungskraft ist präsenter, spürbarer, mutet sich dem Mitarbeiter stärker zu. Dieser Stil basiert auf vier Säulen: Vorbildfunktion, Inspiration, individuelle Ansprache und intellektuelle Anregung. Er ist stärker auf Veränderung ausgerichtet.

Es gibt jedoch einen weiteren Führungsstil, der aus meiner Sicht die Sinnwahrnehmung noch stärker unterstützt. Es geht hier um die sog. dienende Führung, im Englischen: »Servant Leadership«, die auf Überlegungen von Robert Greenleaf basiert. Führung wird hier in erster Linie als Dienst an den Geführten verstanden.

Die Natur der dienenden Führung

Dienende Führung beruht gemäß aktuellen Vorstellungen auf den folgenden sechs Säulen:

Die sechs Säulen der dienenden Führung	
Empowerment	Sie fördern die Selbstwirksamkeit der Geführten und ermutigen diese dazu, eigene Entscheidungen zu treffen.
Bescheidenheit	Sie sind in der Lage, Ihre eigenen Talente und Beiträge realistisch einzuordnen, und erkennen, dass Sie auf die Unterstützung anderer angewiesen sind und geben diesen den Raum wie auch die entsprechende Anerkennung.
Authentizität	Sie sind integer. Sie halten sich an Ihre Versprechen, verhalten sich konsistent über verschiedene Situationen hinweg und können sich auch verwundbar zeigen.
Akzeptanz	Sie sind gewillt, sich der Gefühle anderer bewusst zu werden und diese zu berücksichtigen. Sie sind in der Lage, eine Atmosphäre des Wohlwollens zu kreieren, was auch einen offenen Umgang mit Fehlern einschließt.
Zielklarheit	Sie machen die Anforderungen an die Geführten deutlich und sind in der Lage, die Bedürfnisse und Stärken der Mitarbeiter entsprechend anzusteuern.
Soziale Verantwortung	Sie übernehmen Verantwortung für das große Ganze und fungieren in diesem Rahmen auch als Rollenmodell für die geführten Personen.

Wie Sie erkennen können, umfasst die dienende Führung einen guten Teil jener Aspekte, die in diesem Buch vorgestellt wurden. Ich kann aus Platzgründen hier nicht tiefer darauf eingehen, möchte Ihnen jedoch ans Herz legen, sich intensiver damit auseinanderzusetzen. Es lohnt sich. Studien zeigen, dass das Ausüben von dienender Führung mit einer Reihe von positiven Konsequenzen bei den Geführten einhergeht, darunter: gesteigerte Leistung, mehr Kreativität, stärkeres Vertrauen in die Führung, ein Plus an Identifikation mit der Organisation und allgemein höhere Arbeitszufriedenheit.

> Dienende Führung ist das erste Führungskonzept, in dem uneingeschränkt der Mensch im Mittelpunkt steht, während die Anforderungen der Organisation als nachrangig betrachtet werden.

Bei allen früheren Führungskonzepten bleiben Mitarbeiter letztlich immer Mittel zum Zweck. Das Endziel ist der Erfolg der Organisation. Im Rahmen der dienenden Führung lassen Sie diese potenziell miteinander in Konflikt stehenden Anforderungen hinter sich. Über allem steht das Wohlergehen des Menschen; erst danach geht es um den Erfolg der Organisation. Sie befreien sich weitgehend von dem Zwang, die Ziele der Geführten mit denen der Organisation in Deckung bringen zu müssen. Stattdessen vertrauen Sie darauf, dass Ihre Mitarbeiter aus freien Stücken den besten Beitrag leisten wollen, können und werden.

Der Job, den ich wirklich, wirklich will

Ein Werkzeug, das sich bestens mit dienender Führung verträgt, ist das, was im Englischen »Job Crafting« genannt wird. Wenn Menschen mit ihrer Arbeitssituation unzufrieden sind oder diese als tendenziell sinnlos empfinden, dann schauen sie oft nach draußen, um diese Situation zu verbessern – sprich: Sie sehen sich nach einem neuen Arbeitgeber um oder versuchen, innerhalb des Unternehmens die Aufgabe zu wechseln. Doch ist so ein Wechsel immer auch mit großen Anstrengungen und einem gewissen Risiko verbunden. In diesem Sinne kann es hilfreich sein, den Blick nicht dorthin zu richten, wo das Gras vermeintlich grüner ist, sondern dort zu beginnen, wo man steht. Konkret: Menschen haben prinzipiell die Möglichkeit, aus dem Job, den sie haben, jenen zu machen, den sie wirklich, wirklich wollen. Besonders gut geht das mit der Methode des Job Crafting.

Job Crafting: den eigenen Traumjob gestalten

Job Crafting wurde 2001 erstmals von der Psychologin Amy Wrzesniewski und ihrer Mentorin Jane Dutton beschrieben. Es geht darum, dass Mitarbeiter – mit oder ohne Zustimmung des Vorgesetzten – das eigene Rollenprofil und Aufgabenspektrum aktiv verändern. Anhand von verschiedenen Fallstudien beschrieben Wrzesniewski und Dutton drei Ansätze:

- Menschen können ihr **Aufgabenspektrum** verändern. Sie haben die Möglichkeit, mehr oder weniger von bestimmten Tätigkeiten auszuführen oder neue Tätigkeiten hinzuzufügen.
- Menschen können das **Netzwerk der Beziehungen** gestalten, in dem sie arbeiten. Sie können sich neue Beziehungen erschließen und andere herunterfahren oder ganz ruhen lassen, um ihr Erleben während der Arbeit zu verbessern.

- Bei der dritten Form wird nicht die Arbeit selbst verändert, sondern die **kognitive und emotionale Bewertung.** Mitarbeiter stellen in diesem Sinne einen höheren Bedeutungszusammenhang der eigenen Tätigkeiten her. Stichwort: Schichte ich Steine aufeinander oder baue ich an einer Kathedrale?

Wie Job Crafting funktioniert

Unter welchen Umständen funktioniert Job Crafting? Zunächst einmal sollten Sie sich vor Augen führen, dass es *sowieso immer* stattfindet, spontan und ohne Ihr Wissen. Mitarbeiter optimieren laufend ihre Rolle, um ihr Arbeitsleben angenehmer, effektiver oder sinnhafter zu gestalten. Da werden Aufgaben auf dem kleinen Dienstweg erledigt oder Workarounds gebaut, wenn die Vorgaben nicht praktikabel erscheinen. Die Frage ist also nicht, ob Job Crafting stattfindet, sondern ob Sie als Führungskraft dieses Potenzial nutzen, ignorieren oder unterbinden möchten. Im Übrigen werden Sie anhand der Beschreibungen erkennen können, dass auch Sie als Führungskraft jetzt schon Job Crafting betreiben, wenn auch nicht zwingend bewusst.

> Durch Job Crafting können Menschen langsam aber sicher aus dem Job, den sie aktuell haben, jenen formen, den sie gerne hätten.

Nun gibt es Situationen, in denen Job Crafting unterbunden werden muss, weil ansonsten Gefahr für Leib und Leben besteht. In manchen Rollen müssen Abläufe aus Gründen der Sicherheit genau eingehalten werden, so beispielsweise im medizinischen Bereich oder in der Luftfahrt. Weiterhin ist klar, dass die Bedingungen des Job Crafting von Ihrem Führungsverhalten abhängen. Schließlich wird es auch durch die Persönlichkeit des Mitarbeiters begünstigt oder gedrosselt. Es bedarf eines gewissen Levels an Proaktivität, Kreativität und Gestaltungswillen, um zum Schöpfer des eigenen Jobs zu werden. Ich rate Ihnen, Ihre Mitarbeiter aktiv zum Job Crafting einzuladen. So ist es denkbar, dass Ihr Team gemeinsam mit Ihnen Aufgabenbereiche definiert, in denen aktive Veränderung erwünscht ist. Im Gegenzug können die Mitarbeiter einen psychologischen Vertrag mit Ihnen schließen, der beinhaltet, dass Sie regelmäßig über die Veränderungen informiert werden und vielleicht auch ein Vetorecht haben. Es ist auch denkbar, Job Crafting als laufende Aufgabe zu definieren. So kann die Wirkung der individuellen Veränderungen potenziert – aber auch gesteuert und ausbalanciert werden.

Es gibt ausgefeilte Arbeitsbücher, um Job Crafting strukturiert anzugehen. Allerdings kann man den Prozess auch ohne Hilfsmittel anstoßen. Am wichtigsten ist es, die entsprechenden Verhaltensweisen vorzuleben und aktiv einzufordern.

BEISPIEL: INFORMELLES JOB CRAFTING ZUM JAHRESANFANG

Ich habe die Mitglieder meines Teams zum Ende des Jahres immer gebeten, während ihres Weihnachtsurlaubs einige Überlegungen anzustellen. Ich bat sie, mir nach den Ferien drei Aufgaben oder Projekte zu nennen, an denen sie im neuen Jahr nicht mehr oder weniger beteiligt sein wollten. Ebenso sollten sie drei Aspekte nennen, die sie im kommenden Jahr in ihr Portfolio integrieren wollten. Ich machte dazu keine Vorgaben, ermutigte sie eher zum »Spinnen«. Die augenzwinkernde Anweisung lautete lediglich, dass es legal und budgetär machbar sein sollte. Nach dem Jahreswechsel besprach ich diese Listen dann zunächst einzeln mit den Personen, später gemeinsam im Team. Wir konnten naturgemäß nicht jeden Vorschlag umsetzen, aber doch eine Menge. Abgesehen davon habe ich mein Team laufend angespornt, über solche Anpassungen nachzudenken. Wir haben in einer Konstellation gearbeitet, in der uns sowieso viel von Agenturen und Dienstleistern zugearbeitet wurde. Im Hinblick darauf habe ich das Team ermutigt, immer über sinnvolles Outsourcing nachzudenken. Ich selbst habe es genauso gehalten.

Job Crafting hat positive Konsequenzen, für die Mitarbeiter und für die Organisation. Durch die Gestaltung der eigenen Tätigkeit empfinden Job Crafter mehr Autonomie, was mit höherer Zufriedenheit und mehr Engagement einhergeht. Sie führen weniger Tätigkeiten aus, die sie nicht mögen oder schlecht beherrschen, bzw. sie bringen mehr Aufgaben ein, die nah an ihren Stärken liegen. Auch dies wirkt sich positiv auf Engagement und Leistung aus. Die Gestaltung der Beziehungsdimension sowie der »Be-Deutung« des Jobs geht zudem mit einem positiveren Selbstbild einher. Zudem kann Job Crafting dazu führen, dass dysfunktionale Arbeitsabläufe einfach weggelassen werden, was die Leistung des Gesamtsystems erhöht.

Führungskraft von Mitarbeiters Gnaden

Zum Abschluss dieses Kapitels möchte ich Ihnen gerne Marc Stoffel vorstellen.

BEISPIEL

Marc Stoffel ist seit 2013 CEO der Haufe-umantis AG in St. Gallen mit weit über 100 Mitarbeitern. Das Unternehmen stellt Software für das Management von HR-Prozessen bereit. Haufe-umantis gelangte zu breiterer Bekanntheit, als die Belegschaft 2013 zum ersten Mal über die zukünftige Besetzung des Geschäftsführerpostens abstimmen durfte, nachdem dieses

Prinzip schon länger für die unterliegenden Führungsebenen praktiziert wurde. Marc Stoffel ist der Prototyp eines demokratisch gewählten CEOs. Zwar wurde er damals vom Firmengründer vorgeschlagen – allerdings hätten sich die Mitarbeiter gemäß des Wahlverfahrens auch gegen Stoffel entscheiden können. Dann hätte die Suche von neuem beginnen müssen. Doch er wurde gewählt. 2015 wurde er zum ersten Mal wiedergewählt – und ist bis heute im Amt.

Dass die Geführten wie im Beispiel ihre Daumen über die Top-Führungskraft heben oder senken können, ist eine noch recht junge Entwicklung außerhalb der politischen Arena. Bis heute gibt es nur wenige Firmen weltweit, die demokratische Methoden zur Besetzung von Führungsrollen wählen – und wenn, dann ziehen sie es nicht durch bis zur Ebene des absoluten Topmanagements. Entsprechend regelmäßig wird Marc Stoffel bis heute zu den vermuteten Nachteilen von demokratischen Führungsstrukturen befragt. Stoffel entgegnet dann meist lächelnd, dass die Möglichkeit der Wahl von unten nur transparent mache, was implizit so oder so geschehe. Mehrfach habe ich ihn das Folgende so oder ähnlich sagen hören: »Wir wählen unsere Führungskräfte sowieso jeden Tag: mit unserem Level an Engagement, unserer Begeisterung, zuletzt mit den Füßen.«

Einmal angenommen, Ihr Unternehmen würde bald demokratische Führungsstrukturen einführen und Sie müssten sich Ihren Mitarbeitern zur Wiederwahl stellen. Was glauben Sie: Wären Sie im kommenden Jahr noch im Amt? In Abhängigkeit von Ihrer Antwort auf die erste Frage: Was an Ihrem Führungshandeln möchten Sie gerne beibehalten – und was möglicherweise ändern? Welche der Ideen aus diesem Buch können Ihnen helfen, nächstes Jahr noch im Amt zu sein?

Als Führungskraft gutes KAARMA sammeln

Buddhisten glauben, dass sie in der nächsten Inkarnation eine bessere Existenz haben werden, wenn sie sich in diesem Leben anständig verhalten. Als Führungskraft müssen Sie damit nicht so lange warten. Sie können gutes KAARMA sammeln und die positiven Auswirkungen dessen direkt erleben: zum Wohle Ihrer Mitarbeiter, der Organisation und letztlich auch zu Ihrem eigenen Besten.

In diesem Kapitel erfahren Sie,

- warum jede Führungskraft regelmäßiges Aufwärtsfeedback benötigt,
- wie Sie das Feedback Ihrer Mitarbeiter strukturiert erfassen,
- wie ein entsprechender Fragebogen ausgewertet und interpretiert werden kann.

Auch Führungskräfte brauchen Feedback

Im abschließenden Kapitel dieses TaschenGuides möchte ich Sie mit einem Werkzeug vertraut machen, das Sie dabei unterstützen kann, den Weg der sinnorientierten Führung konsequent zu verfolgen, und regelmäßig zu prüfen, ob Ihr Führungskompass richtig geeicht ist. Die meisten Mitarbeiter in Unternehmen erhalten viel zu wenig Feedback. Führungskräfte sind an dieser Stelle keinesfalls ausgenommen – ganz im Gegenteil. Je höher in der Hierarchie man sich befindet, umso weniger Feedback erhält man typischerweise – zumindest, was echte, ungeschönte Rückmeldungen betrifft. Gleichzeitig ist es unglaublich wichtig, regelmäßig Feedback zur eigenen Führungsleistung zu erhalten, ansonsten führt man quasi blind.

Wichtig: Feedback von der eigenen Führungskraft ist dabei weitgehend nutzlos. Überlegen Sie kurz, wieviel Zeit in der Woche Sie mit Ihrer eigenen Führungskraft verbringen. Sind es Stunden? Oder nur Minuten? Vielleicht sehen Sie sich auch seltener als einmal in der Woche? Nun subtrahieren Sie noch jene Zeit, die Sie mit dem Vorgesetzten allein verbringen oder in Meetings mit anderen Führungskräften. Wie viele Stunden oder Minuten bleiben übrig, in denen Ihre Führungskraft Sie wirklich beim Führen anderer Menschen beobachten kann? Meine Vermutung: Der Wert liegt auf einen Monat gerechnet irgendwo zwischen wenigen Minuten und Null. Auf einer solch schmalen Datenbasis ist kaum hilfreiches Feedback möglich. Die Forschung bestätigt dies: Die statistische Übereinstimmung zwischen dem Feedback von Vorgesetzten einer Führungskraft und der Rückmeldung der geführten Personen ist gering. Von daher sollte aus meiner Sicht gelten: Führung ist das, was unten ankommt. Es nützt Ihren Mitarbeitern herzlich wenig, wenn Ihr Vorgesetzter ein vortreffliches Bild von Ihnen zeichnet, Ihre Mitarbeiter selbst aber regelmäßig zu einer ganz anderen Auffassung gelangen.

Führung ist im Zweifel das, was bei den Mitarbeitern ankommt. Wenn Menschen ihre Leistung als Führungskraft verbessern wollen, brauchen sie daher unbedingt regelmäßiges Aufwärtsfeedback.

Falls in Ihrem Unternehmen nicht sowieso ein System zur Erfassung von Aufwärtsfeedback existiert, möchte ich Ihnen nahelegen, selbst einen solchen Prozess zu initiieren mit den Menschen, die Sie führen. Sollte es bereits ein solches System geben, aber die Führungsleistung nur einmal im Jahr erfasst werden, empfehle ich Ihnen, regelmäßiger nachzufassen: mindestens einmal im Quartal. In diesem Sinne stelle ich Ihnen nun einen kurzen Fragebogen vor, der extra für diesen Zweck konzipiert wurde: Führungsleistung aus Sicht der Mitarbeiter zu erfassen – wobei ein besonderes Augenmerk auf jene Aspekte der Führungsbeziehung gelegt wurde, die mit der Wahrnehmung von Sinn auf Seiten der Geführten einhergehen.

Der KAARMA-Fragebogen

Der KAARMA-Fragebogen misst die Führungsqualität aus Sicht einer geführten Person. Der Zweck dieses Instruments ist demnach strukturiertes Aufwärtsfeedback. Die dem Fragebogen zugrundeliegenden Überlegungen habe ich in einem Beitrag in der Fachzeitschrift OrganisationsEntwicklung aus dem Jahr 2017 dargestellt, den ich gemeinsam mit Michael F. Steger, einem Psychologie-Professor an der Colorado State University, verfasst habe. Der Fragebogen misst sechs Dimensionen der Führungsqualität, die sich alle auf die Quadranten der Sinn-Matrix zurückführen lassen.

Das Akronym KAARMA geht auf Michael F. Steger zurück. Für einen Beitrag über sinnstiftende Führung in einem Herausgeberband hatte er aus mehreren Jahrzehnten an Forschung synthetisiert, welche Verhaltensweisen einer Führungskraft das Sinnerleben der Geführten beeinflussen. Die grundlegenden Inhalte des KAARMA-Modells basieren demnach auf hunderten von Forschungsarbeiten. Ich war von dieser Zusammenstellung begeistert und konstruierte in der Folge einen praxisfreundlichen Fragebogen, um das KAARMA von Führungskräften aus Sicht der geführten Person zu messen. In diesem Sinne steht KAARMA für die folgenden Attribute und Verhaltensweisen.

Dimensionen des KAARMA-Fragebogens	
Klarheit	Die Führungskraft gibt ihren Mitarbeitern Orientierung, indem sie diese über die Ziele der Abteilung und der Organisation als solcher ins Bild setzt.
Authentizität	Die Führungskraft ist in ihrer Rolle angekommen und füllt diese in einer glaubwürdigen Art und Weise aus.
Aktualisierung	Die Führungskraft strukturiert den Verantwortungsbereich von Mitarbeitern derart, dass dieser den Motiven und Stärken der Geführten entspricht.

Dimensionen des KAARMA-Fragebogens	
Respekt	Die Führungskraft verhält sich respektvoll gegenüber ihren Mitarbeitern und fördert einen entsprechenden Umgang der Kollegen untereinander.
Mehrwert	Die Führungskraft zeigt den Mitarbeitern auf, wie ihre Arbeitsleistung zum Erfolg des großen Ganzen beiträgt.
Autonomie	Die Führungskraft überträgt den Mitarbeitern in gesundem Maß Verantwortung und räumt diesen die Wahl über Mittel und Wege der Zielerreichung ein.

Die Items des KAARMA-Fragebogens

Für eine sinnvolle Interpretation muss der Fragebogen vollständig ausgefüllt werden. Die Beantwortung der Fragen nimmt etwa fünf Minuten in Anspruch. Es werden zum Teil ähnlich lautende Fragen gestellt. Dies hat methodische Gründe. Die Ergebnisse werden im Übrigen aussagekräftiger, wenn die Mitarbeiter den Fragenbogen spontan ausfüllen. Sie werden gebeten, ihre Antworten mittels einer siebenstufigen Skala zu geben. Nur deren beiden Endpunkte und der Mittelpunkt haben eine verbale verankerte Bezeichnung: 1 = so gut wie nie, 2, 3, 4 = teils, teils; 5, 6, 7 = so gut wie immer.

Der KAARMA-Fragebogen zur Messung von Führungsqualität		
Meine Führungskraft ...		Wert
1	hilft mir, die Ziele meines Aufgabenbereichs zu verstehen.	
2	ist authentisch in ihrer Rolle als Führungskraft.	
3	lässt mir weitgehend freie Hand darüber, auf welche Art und Weise ich meine Aufgaben erledige.	

Der KAARMA-Fragebogen zur Messung von Führungsqualität		
4	hilft mir, meinen Beitrag zum großen Ganzen unseres Unternehmens zu verstehen.	
5	kennt meine Stärken und gestaltet meinen Aufgabenbereich entsprechend.	
6	behandelt mich und meine Kollegen mit Wertschätzung und Respekt.	
7	hilft mir, die Ziele meines Teams/der Abteilung zu verstehen.	
8	sagt, was sie denkt (= spielt mir bzw. meinem Team nichts vor).	
9	fördert den respektvollen und wertschätzenden Umgang der Kollegen untereinander.	
10	delegiert Themen und Entscheidungen, wo möglich und sinnvoll.	
11	weiß, welche Tätigkeiten mir Freude bereiten und gestaltet meinen Aufgabenbereich entsprechend.	
12	hilft mir, die Ziele und die Strategie meines Unternehmens zu verstehen.	
13	lebt glaubwürdig die Werte meines Unternehmens vor.	
14	zeigt mir, dass ich mehr als nur ein Rädchen im Getriebe bin.	
15	kennt meine wichtigsten Motive/Wertvorstellungen und gestaltet meinen Aufgabenbereich entsprechend.	
16	ist präsent und zugewandt, wenn sie mit mir bzw. meinen Kollegen interagiert.	
17	würdigt wertvolle Arbeitsleistungen und lobt mich bzw. meine Kollegen freimütig, wenn es etwas zu loben gibt.	
18	setzt mir klare Ziele, lässt mich jedoch weitgehend selbst über die Mittel und Wege entscheiden.	
19	ist eine ehrliche Haut und kommuniziert offen mit mir und den Kollegen.	

Der KAARMA-Fragebogen zur Messung von Führungsqualität		
20	hilft mir zu verstehen, wie meine Leistung zum Gesamterfolg unseres Unternehmens beiträgt.	
21	hilft mir, das große Ganze und die Vision meines Unternehmens zu verstehen.	
22	ist an meiner persönlichen bzw. beruflichen Entwicklung interessiert und gestaltet meinen Aufgabenbereich entsprechend.	
23	sorgt für eine konstruktive und positive Arbeitsatmosphäre in unserem Team.	
24	ist das Gegenteil von einem Micro-Manager – sie mischt sich nur ein, wenn es wirklich sein muss.	

Auswertung und Interpretation

Die Punktwerte pro KAARMA-Faktor werden nach dem nun beschriebenen Schema addiert. Der Mindestwert pro Element beträgt 4 Punkte, der höchste 28 Punkte.

Auswertung des KAARMA-Fragebogens	
Klarheit	Addieren Sie die Werte für die Fragen 1, 7, 12, 21.
Authentizität	Addieren Sie die Werte für die Fragen 2, 8, 13, 19.
Aktualisierung	Addieren Sie die Werte für die Fragen 5, 11, 15, 22.
Respekt	Addieren Sie die Werte für die Fragen 6, 9, 16, 23.
Mehrwert	Addieren Sie die Werte für die Fragen 4, 14, 17, 20.
Autonomie	Addieren Sie die Werte für die Fragen 3, 10, 18, 24.

Für die KAARMA-Elemente werden drei Wertebereiche angegeben: unterdurchschnittlich, durchschnittlich und überdurchschnittlich.

Interpretation des KAARMA-Fragebogens

Führung	unter Durchschnitt	Durchschnitt	über Durchschnitt
Klarheit	unter 12	12 bis 22	ab 23
Authentizität	unter 12	12 bis 23	ab 24
Aktualisierung	unter 11	11 bis 18	ab 19
Respekt	unter 12	12 bis 23	ab 24
Mehrwert	unter 11	11 bis 20	ab 21
Autonomie	unter 16	16 bis 23	ab 24

Die drei Korridore für Führungsqualität beruhen auf den Antworten von rund 600 deutschsprachigen Personen aus dem Jahr 2016, die querbeet in verschiedenen Branchen arbeiten und einer typischen Altersverteilung für deutsche Arbeitnehmer entsprechen. Allerdings handelt es sich um eine hochqualifizierte Stichprobe: Etwa 75 Prozent haben mindestens einen Bachelor-Abschluss. Ob die genannten Wertebereiche auch für Führungskräfte im »Blue-Collar«-Sektor gültig sind (z.B. Vorarbeiter) muss noch untersucht werden.

Die Relevanz des KAARMA-Fragebogens

Neben der Einschätzung des KAARMAs ihrer Führungskräfte haben die Teilnehmer der oben erwähnten Studie auch Angaben zu ihrem damaligen Erleben in der beruflichen Rolle gemacht. Sie lieferten Daten zu Arbeitszufriedenheit und Engagement, zum Stolz auf den Arbeitgeber, zum Ausmaß von Sinn- und Flow-Erleben sowie auch der aktuellen Wechselabsicht. Um den Einfluss der Führungsleistung zu veranschaulichen, haben Michael Steger und ich einen Indexwert über alle 24 KAARMA-

Fragen errechnet und drei Subgruppen gebildet. Die Ergebnisse sprechen eine eindeutige Sprache: Mitarbeiter von Führungskräften mit einem überdurchschnittlichen KAARMA-Index berichten verglichen mit denen, die von Chefs mit unterdurchschnittlichem KAARMA geführt werden, von folgenden Aspekten:

stärkerer Sinnwahrnehmung (+ 58 Prozent)
mehr Flow-Erleben (+ 61 Prozent)
einem intensiveren Gefühl von Stolz (+ 69 Prozent)
höherem Engagement (+ 32 Prozent)
größerer Arbeitszufriedenheit (+ 112 Prozent)
verminderter Wechselabsicht (- 135 Prozent)

Vor allem der letzte Punkt zeigt: Schlechte Führungsqualität geht an die Substanz von Unternehmen, personell und langfristig auch finanziell. In einer derzeit noch unveröffentlichten Studie konnte zudem der Nachweis erbracht werden, dass die Befragten es nicht bei Absichtserklärungen lassen. Drei Jahre nach der Datenerhebung habe ich einen Teil von ihnen erneut kontaktiert und dabei auch erfragt, wer von ihnen in der Zwischenzeit tatsächlich seinen Arbeitgeber gewechselt hat. 56 Prozent der Menschen, die ihre Führungskraft 2016 gemäß KAARMA als unterdurchschnittlich beurteilt hatten, haben in der Zwischenzeit ihren Arbeitgeber gewechselt. Von den Personen, die ihre Führungskraft 2016 als überdurchschnittlich beurteilt hatten, haben nur 22 Prozent gekündigt.

Falls Sie den Fragebogen in Ihrer Organisation einsetzen sollten, freute ich mich, von Ihren Erfahrungswerten zu hören: office@nicorose.de.

Weiterführende Literatur

Achor, S., Reece, A. Rosen Kellerman, G., & Robichaux, A. (2018). 9 out of 10 people are willing to earn less money to do more meaningful work. Abgerufen am 24.4.2019 von https://www.hbr.org/2018/11/9-out-of-10-people-are-willing-to-earn-less-money-to-domore-meaningful-work

Bailey, C., & Madden, A. (2016). What makes work meaningful or meaningless. Abgerufen am 24.4.2019 von http://sloanreview.mit.edu/article/what-makes-work-meaningful-or-meaningless

Lips-Wiersma, M., & Wright, S. (2012). Measuring the meaning of meaningful work: Development and validation of the comprehensive meaningful work scale (CMWS). Group & Organization Management, 37(5), 655-685.

Martela, F., & Steger, M. F. (2016). The three meanings of meaning in life: Distinguishing coherence, purpose, and significance. Journal of Positive Psychology, 11(5), 531-545.

Roberts, L. M., Spreitzer, G., Dutton, J. E., Quinn, R. E., Heaphy, E., & Barker, B. (2005). How to play to your strengths. Harvard Business Review, 83(1), 74-80.

Rose, N. (2019). Arbeitsfrust vs. Arbeitslust: Was den Deutschen die Arbeitsfreude vermiest. Abgerufen am 24.4.2019 von https://nicorose.de/wp-content/uploads/2019/08/Studienbericht_Arbeitsfreude_2019.pdf

Rose, N. (2019). Sonnen und schwarze Löcher in der Organisation. Organisationsentwicklung, 3, S. 30-33.

Rose, N. (2020): Controlling für das abnorm Gute. Controlling & Management Review, 1, 54-58.

Rose, N., & Steger, M. F. (2017). Führung, die Sinn macht. Organisationsentwicklung, 4, 41-45.

Sisodia, R., Wolfe, D. B., & Sheth, J. N. (2014). Firms of endearment: How world-class companies profit from passion and purpose (2. Ausg.). Upper Saddle River, NJ: Pearson.

Rosa, H. (2019). In der Arbeit finden wir die Welt. Abgerufen am 24.4.2019 von https://www.nzz.ch/meinung/in-der-arbeit-finden-wir-die-welt-ld.1507472

Der Autor

Prof. Dr. Nico Rose

ist »der Sinnput-Geber«. Laut Harvard Business Manager ist er einer der »führenden Experten für Positive Psychologie in Deutschland«. Das Personal Magazin zählt ihn zu den 25 »Top-HR-Influencern« im deutschsprachigen Raum. Der Diplom-Psychologe (WWU Münster) wurde an der EBS Business School in BWL promoviert. Zusätzlich hat er ein Master-Studium in angewandter Positiver Psychologie an der University of Pennsylvania abgeschlossen. Seit 2019 ist Nico Rose Professor für Wirtschaftspsychologie an der International School of Management (ISM) in Dortmund. Von 2011 bis 2018 arbeitete er im Stab des Personalvorstands der Bertelsmann-Gruppe, Europas führendem Medienkonzern, zuletzt als Vice President für das Employer Branding und die internationalen Recruiting-Programme. Zuvor war er für die Marketingberatung CC&C Group, die EBS Business School und L'Oréal Deutschland tätig.

2008 eröffnete Nico Rose in Wiesbaden eine Coaching-Praxis. Für diese Arbeit wurde er 2010 mit dem deutschen Coaching-Award ausgezeichnet (Nachwuchspreis). Neben Einzelcoaching unterstützt er Unternehmen im Bereich Team- und Organisationsentwicklung. Er greift dabei auf Erfahrungen aus über 2.000 Stunden an Ausbildungen in praxisorientierten Veränderungskonzepten zurück, z. B. Transaktionsanalyse und systemische Aufstellungsarbeit.

Mehr zum Autor: https://nicorose.de

> Noch mehr zum Thema lesen Sie in: Nico Rose, »Arbeit besser machen«, Bestell-Nr. 16667.

Stichwortverzeichnis

Impressum

Bibliografische Information der Deutschen Nationalbibliothek
Die Deutsche Nationalbibliothek verzeichnet diese Publikation in der Deutschen Nationalbibliografie; detaillierte bibliografische Daten sind im Internet über http://www.dnb.dnb.de abrufbar.

Print: ISBN: 978-3-648-13668-3 Bestell-Nr.: 10506-0001
ePub: ISBN: 978-3-648-13669-0 Bestell-Nr.: 10506-0100
ePDF: ISBN: 978-3-648-13670-6 Bestell-Nr.: 10506-0150

Dr. Nico Rose
Führen mit Sinn – Wie Sie die Führungskraft werden, die Sie sich früher immer gewünscht haben
1. Auflage 2020

Redaktionsanschrift: Fraunhoferstraße 5, 82152 Planegg/München
Internet: www.haufe.de
E-Mail: online@haufe.de
Redaktion: Jürgen Fischer

Konzeption, Realisation und Lektorat: Nicole Jähnichen, www.textundwerk.de
Bildnachweis (Cover): © sarayut_sy, Adobe Stock